# Pythonで学ぶ
# フーリエ解析と信号処理

博士(理学) 神永 正博 著

コロナ社

# ま　え　が　き

　本書は，フーリエ解析と信号処理の入門書です。本書を読んで得られる知識は，大きく分けて，フーリエ解析の数学的基礎，信号処理の原理と使い方，Python による科学技術計算の基礎，の三つです。1 章では，本書で頻繁に使う Python のライブラリである NumPy と Matplotlib について概略を説明します。2 章から 7 章まではフーリエ級数，フーリエ変換の数学的な説明で，8 章，9 章では，実際の信号の周波数解析を行います。10 章はルベーグ積分のユーザーズガイドになっています。ゴールは音声データ（wav 形式の子猫の鳴き声のデータ）のスペクトログラムを描くことです。これは音声データの時間ごとの周波数情報を表現するもので，短時間フーリエ変換という技術を使って実現できます。ここまでできれば 1 次元の信号処理の基本はわかったことになり，これを土台にして，より専門的な信号処理を学んでいけるはずです。

　本書において，重要なポイントでは数学的に厳密な議論をしています。厳密な数学的議論の大きな利点は二つあります。第一の利点は，（関数解析を基礎とした）より高度な信号処理の理論を学ぶハードルが大きく下がることです。例えば，ウェーブレット解析などを学ぶには厳密な議論を避けて通ることができませんが，本書で学べばスムーズに学習が進められるでしょう。第二の利点は，ハードウェアでの信号処理まで含めた場合に必要となる，アナログ信号に対するフーリエ解析が理解できるようになることです。本書ではディジタル信号処理を扱いますが，フーリエ解析部分は，アナログ信号処理の基礎にもなっているのです。

　二十年近く，工学部でフーリエ解析を教えてきました。その間，さまざまな教科書を使ってきましたが，いずれも偏微分方程式への応用が中心で，信号処理への応用にはあまり言及されていないものでした。しかし近年，電気系，情報系では，偏微分方程式への応用もさることながら，それ以上に信号処理への応用が求められています。信号処理では，時間とともに変化する信号を周波数で見ることが重要になります。しかし，偏微分方程式への応用では「周波数」の物理的意味については副次的にしか扱われません。

　信号処理を教えるため，既存の信号処理の教科書に目を通してみると，実践的に書かれたものでは数学的な厳密さが犠牲に，厳密に書かれたものでは実践が犠牲になりがちな傾向にありました。

　このようなことが起きるのは，実際の応用では，ディジタル信号処理をする前の測定段階で，ハードウェアによって高周波成分がカットされており，そのような帯域制限された信号を離散フーリエ変換すればよいためです。ディジタル信号処理で必要になる離散フーリエ変換は有限和ですから，極限操作は自由にでき，連続信号を扱う際に生じる極限操作の問題が前面に出ないからです。しかし，離散フーリエ変換は連続フーリエ変換の近似ですので，連続の問題につ

いても正確な議論をすべきだと思いました。

　これらの観点から，講義を数年がかりで信号処理向きに修正し，その際に作成した講義ノートが本書のもとになっています。10章には，ルベーグ積分のユーザーズガイドがあります。ルベーグ積分は数学科以外ではほとんど教えられていないために，不当に無駄なものだと思われているようですが，ごまかしなく議論するには必要な数学です。使うだけならそう難しいものではありませんので，是非この機会に読んでみてください。本書がより発展的なIT・数学を学ぶための基盤となれば，望外の喜びです。

　執筆に際し，京都工芸繊維大学の峯拓矢先生，東北学院大学の鈴木利則先生，同じく東北学院大学の深瀬道晴先生に査読いただきました。記して感謝いたします。

2020 年 7 月

神永　正博

# 目　　　　次

## 1.　Python と便利なライブラリたち

1.1　本書でよく使うライブラリ ……………………………………………………… *1*

1.2　NumPy の $n$ 次元配列（ndarray）………………………………………… *2*

1.3　関数のベクトル化 ………………………………………………………………… *6*

1.4　Matplotlib ………………………………………………………………………… *7*

章　末　問　題 ………………………………………………………………………… *11*

## 2.　フーリエ級数展開

2.1　関数を級数展開することで何がわかるのか？ ……………………………… *13*

2.2　周波数情報を取り出す …………………………………………………………… *14*

2.3　Python でフーリエ級数部分和を見てみよう ……………………………… *17*

2.4　連続でない関数のフーリエ展開の例 ………………………………………… *20*

2.5　半 区 間 展 開 ……………………………………………………………………… *23*

章　末　問　題 ………………………………………………………………………… *25*

## 3.　関 数 の 直 交 性

3.1　関数の世界に内積を導入する ………………………………………………… *27*

3.2　シュヴァルツの不等式と三角不等式 ………………………………………… *29*

3.3　フーリエ係数と内積 ……………………………………………………………… *32*

3.4　ベッセルの不等式・パーセバルの等式 ……………………………………… *33*

3.5　フーリエ係数の最適性とベッセルの不等式 ………………………………… *34*

3.6　その他の直交関数系 ……………………………………………………………… *39*

章　末　問　題 ………………………………………………………………………… *40*

## 4.　ギブス現象と総和法

4.1　Python でギブス現象を見てみよう ………………………………………… *42*

4.2  ひげが残り揃りるこし ……………………………………………………… 43
4.3  チェザロ総和法 ……………………………………………………………… 45
章 末 問 題 …………………………………………………………………………… 48

# 5.  複素フーリエ級数

5.1  実フーリエ級数を見直す ………………………………………………… 50
5.2  実例を見てみよう …………………………………………………………… 52
5.3  振幅スペクトル・パワースペクトル・位相スペクトル ……………… 53
5.4  関数の滑らかさと複素フーリエ係数の関係 …………………………… 55
章 末 問 題 …………………………………………………………………………… 58

# 6.  フーリエ変換

6.1  フーリエ変換の導入 ………………………………………………………… 59
6.2  フーリエ変換の基本的な性質 …………………………………………… 62
6.3  フーリエ逆変換 ……………………………………………………………… 63
6.4  フーリエ変換・逆変換の例 ……………………………………………… 65
章 末 問 題 …………………………………………………………………………… 67

# 7.  フーリエ変換の諸性質

7.1  $L^2$  条  件 ……………………………………………………………………… 69
7.2  畳  込  み ………………………………………………………………………… 72
7.3  相互相関関数・自己相関関数 …………………………………………… 76
7.4  フーリエ変換の減衰オーダと滑らかさ ………………………………… 78
章 末 問 題 …………………………………………………………………………… 79

# 8.  Python で FFT

8.1  サンプリング定理 …………………………………………………………… 81
8.2  離散フーリエ変換 …………………………………………………………… 84
8.3  Python を使って周波数情報を取り出す ……………………………… 87
8.4  FFT のアルゴリズム ………………………………………………………… 93

8.5　あえて Python で FFT を作る …………………………………………………　96
章　末　問　題…………………………………………………………………………　99

## 9.　Python でスペクトログラム

9.1　窓　　関　　数……………………………………………………………………　100
9.2　窓関数を掛けた信号の FFT …………………………………………………　104
9.3　窓関数の周波数特性の見方 ……………………………………………………　107
9.4　SciPy のカイザー窓を見てみよう ……………………………………………　109
9.5　短時間フーリエ変換と音声データの解析 ……………………………………　112
9.6　wav ファイルのスペクトログラム …………………………………………　113
章　末　問　題…………………………………………………………………………　117

## 10.　ルベーグ積分ユーザーズガイド

10.1　本　章　の　方　針………………………………………………………………　118
10.2　「ほとんどいたるところ」ってどういう意味？…………………………………　118
10.3　積分の定義と役に立つ極限定理 ………………………………………………　122
10.4　リーマン＝ルベーグの補題 ……………………………………………………　129
10.5　積分の順序交換…………………………………………………………………　130
章　末　問　題…………………………………………………………………………　131

引用・参考文献 ………………………………………………………………………　133
章末問題略解 …………………………………………………………………………　134
索　　　　　引 …………………………………………………………………………　155

# 1 Python と便利なライブラリたち

本章では，Python のライブラリのうち，本書で頻繁に利用する NumPy と Matplotlib について基本的なことを解説します。なお，本書では，この二つのライブラリだけでなく，ほかにもいくつかのライブラリを利用しますが，全体に関わるのはこの二つですので，ここでまとめておきます。Python をあまり使ったことがなければ，ここから読み始めるのがよいでしょう。数学的な内容を先に知りたい方は，2 章から読み始め，プログラムに関してわからないことがあったら本章に戻ってきてもよいかと思います。

## 1.1 本書でよく使うライブラリ

本書で使う Python はプログラミング言語の一つですが，使っている印象では，プログラミング言語というより，他の（一般に高速な）言語で書かれたライブラリを活用するためのインタフェースのように感じられます。Python は科学技術計算のライブラリが豊富で，利用する際に数学と無関係なことを考えなくてよいというところが大きな利点です。ここでは，本書で利用する代表的なライブラリと，その概略を説明します。

本書では Python 3.6（以降）と必要なライブラリがインストールされていることを前提にしています（互換性のない Python 2.x については対応していませんのでご注意ください）。

Python のインストールについては，いくつかの方法がありますが，ウェブ上に豊富な情報がありますので，そちらを見ていただいたほうがよいでしょう。本書では，Anaconda をインストールして標準で使える Spyder を利用しています（Python 3.7.5，Spyder 4.0.0 で動作を確認しています）。Anaconda をインストールした場合は，すでに以下の三つのライブラリがインストールされているはずです。もちろん，独力でインストールしてもかまいません。本書で使用されているサンプルコードは，https://www.coronasha.co.jp/np/isbn/9784339009378/ からダウンロードできます。

本書で頻繁に利用するライブラリは以下の三つです。

- **NumPy**：本書で中心となるライブラリです。線形代数（行列やベクトルの計算），$n$ 次元配列（ndarray）に対する数学関数の計算，高速フーリエ変換など広範な科学技術計算を提供してくれます。
- **SciPy**：本書では，信号処理や最適化計算のために必要なライブラリです。NumPy ベー

スの科学技術計算ライブラリで，使いやすいインタフェースにラッピングされています。

- **Matplotlib**：グラフを描画するための関数を提供してくれるライブラリです。

NumPy と Matplotlib は，本書で頻繁に使われますので，ここで少し立ち入って説明しておくことにしましょう。SciPy については使うときに適宜説明することにします。まずは，NumPy から説明しましょう。

## 1.2　NumPy の n 次元配列（ndarray）

Python で配列を扱う場合，リストにする方法と ndarray にする方法の二つがあります。リスト化は手軽な方法ですが，処理が遅く，高速な処理が必要な科学技術計算には向いていません。そのため，Python で科学技術計算をする場合，ndarray というデータ型にして，NumPy という高速なライブラリを利用して処理を行うことが多いのです。NumPy は Python より高速な言語で記述されているため，Python 自体で計算するよりもはるかに高速な処理が可能なのです。

ndarray は単に配列と呼ばれることもあります。以下，単に配列といえば ndarray のことを指します。ndarray は，$n$-dimensional array（$n$ 次元配列）という意味です。1 次元の配列はリストと大体同じようなものですが，リストでは異なる型が混ざっていてもよいのに対し，ndarray では許されません。ndarray では，すべての要素が同じ型である必要があるのです。IPython で少し様子を見てみましょう。IPython は，対話型の Python インタフェースで，プログラムを組むほどでないちょっとしたことを試すのに便利です。例えば，$\sin\dfrac{\pi}{4}$, $\sin\dfrac{\pi}{3}$, $\sin\dfrac{\pi}{6}$ を一度に計算させることを考えます。NumPy を使う場合は，このようにします。

```
In [1]: import numpy as np
In [2]: PI = np.pi
In [3]: x = np.array([PI/4,PI/3,PI/6])
In [4]: np.sin(x)
Out[4]: array([0.70710678, 0.8660254 , 0.5       ])
```

1 行目で **numpy** を **np** という名前をつけてインポートしています。これは広く使われている略記法ですので，本書でもこれにならいます。2 行目で **numpy** 用の π に **PI** という名前をつけました。3 行目では，$(\pi/4, \pi/3, \pi/6)$ という 1 次元配列（ndarray 型のデータ）を作っています。4 行目では，この x=(x[0]，x[1]，x[2]) という配列に対して，[sin(x[0])，sin(x[1])，sin(x[2])] の値を計算しています。配列の要素ごとに正弦の値を求めて並べたものが出力されていることがわかるでしょう。続けて，x の要素を一気に 3 倍してみましょう。つぎのように書くだけです。ベクトルと同じです。

```
In [5]: 3*x
Out[5]: array([2.35619449, 3.14159265, 1.57079633])
```

同じ型の配列なら，ベクトルのように足すこともできます。

```
In [6]: y = np.array([1, 2, 3])
```

```
In [7]: z = np.array([3, 8, 9])
In [8]: y+z
Out[8]: array([ 4, 10, 12])
```

乗算やべき乗の計算もできます。例えば，$t$ を ndarray として $t^2 + 2t + 3$ とするとつぎのようになります。Python では，$a^b$ は，a**b で表します。

```
In [9]: t = np.array([1, 2, 3, 4])
In [10]: t**2+2*t+3
Out[10]: array([ 6, 11, 18, 27])
```

このように成分ごとに計算してくれるわけです。

ndarray では複素数を扱うこともできます。フーリエ解析ではオイラーの公式（$e^{i\theta} = \cos\theta + i\sin\theta$）を経由して複素数成分を持つ配列を扱いますのでここで見ておきましょう。Python では虚数単位を j で表現します。これは電気工学などで一般的に使われる記法です。電気工学では，電流を $i$ で表現するため，$i$ を虚数単位としては使うのが都合が悪かったということのようです。本書において数学的記述では，数学の慣習に従って虚数単位を $i$ で表しますが，Python での表現は j になるのでご注意ください。

例えば，$z = (-1 + 2i, 2.3 + 3.5i, -3.7 + 0.1i)$ というベクトル（配列）はつぎのように表現します[†]。

```
In [11]: z = np.array([ -1.0+2.0j,  2.3+3.5j,  -3.7+0.1j])
```

もちろん，複素数演算もできます。例えば，$(-2.1+3.3i)z$ と，$\exp(z) = (\exp(z[0]), \exp(z[1]), \exp(z[2]))$ は，つぎのように計算できます。もちろん，複素数の指数関数は，$z = x + iy$（$x, y$ は実数）に対し，$\exp(z) = \exp(x)\exp(iy) = e^x(\cos y + i\sin y)$ と解釈されます。

```
In [12]: (-2.1+3.3j)*z
Out[12]: array([ -4.5  -7.5j , -16.38 +0.24j,   7.44-12.42j])
In [13]: np.exp(z)
Out[13]: array([-0.15309187+3.34511829e-01j, -9.34038986-3.49877592e+00j,
        0.02460001+2.46823412e-03j])
```

本書では，np.linspace 関数をよく使います。np.linspace は，等差数列（配列）を生成する関数です。本書で扱う np.linspace 関数の引数は，以下の start, stop, num の三つです（引数はこのほかにもありますが，本書では触れません）。

```
numpy.linspace(start, stop, num = 50)
```

ここにおける，引数 start は始点（初項）で，stop は数列の終点（末項）です。いずれも int 型（整数型）または float 型（浮動小数点型）です。num という引数は，生成する配列（ndarray）の要素の数で，デフォルト値は 50 に設定されています。例えば

```
t = np.linspace(-PI, PI, 10000)
```

とすると，t は，$-\pi$ を始点（$t[0] = -\pi$）とし，$\pi$ を終点（$t[9999] = \pi$）とした等差数列

$$t[j] = -\pi + \frac{2\pi j}{9999} \quad (j = 0, 1, \cdots, 9999)$$

---

[†] dtype メソッドを使う（z.dtype とする）とその型（プラットフォームに依存）が表示されます。筆者の環境では，dtype('complex128') と出ます。

になります（もちろん，要素の数は 10000 です）。一般に，公差は

$$\frac{stop - start}{num - 1}$$

になります。分母が `num - 1` になっているのは，デフォルトで，`endpoint = True` になっているためです。これは終点が含まれるという意味です。もし，終点を含まないようにしたければ，`endpoint = False` とします。このとき，公差は

$$\frac{stop - start}{num}$$

になります。本書ではデフォルトのまま使いますので，以下，`endpoint` については気にしないことにします。

　紛らわしいのですが，NumPy で等差数列を作る方法がもう一つあります。`arange` 関数を使う方法です。`linspace` 関数とほとんど同じですが，微妙な違いがあります。`arange` 関数では，（デフォルトでということですが）終点の値を含みません。`linspace` 関数では（デフォルトでは）終点の値を含みます。また，`arange` 関数では，初項を指定しなくてもよい場合があります。例えば

```
In [14]: np.arange(10)
Out[14]: array([0, 1, 2, 3, 4, 5, 6, 7, 8, 9])
```

のように，初項は 0 で，公差 1，終点の値を含まない 10 項からなる等差数列が得られます。`linspace` 関数と同様に，始点と終点，公差を変更することもできます。例えば，始点（初項）2 で公差 0.2，3 未満の等差数列を作るには，つぎのようにします。`linspace` 関数ではいくつに刻むかを指定するのに対し，`arange` 関数では，公差を指定する点に違いがあります。ただし，`arange` 関数では浮動小数点演算で終点を含んだり含まなかったりすることが報告されています[†]。

```
In [15]: np.arange(2, 3, 0.2)
Out[15]: array([2. , 2.2, 2.4, 2.6, 2.8]
```

　本書ではあまり使いませんが（まったく使わないわけではありません），一般の $n$ 次元配列に対して，行列を扱うこともできます。1 次元配列を 3 次元配列（行列）に変換するには，`reshape` メソッドを使います。このようになります。

```
In [16]: a = np.array([1, 2, 3, 4, 5, 6, 7, 8, 9])
In [17]: A = a.reshape(3,3)
In [18]: A
Out[18]:
array([[1, 2, 3],
```

---

[†] teratail の質問（投稿：2017/12/17 14:53，編集 2017/12/17 14:59）「python numpy における arange 関数のエラー」(https://teratail.com/questions/105198) で，`print(np.arange(0.01,0.08,0.01))` とすると，[ 0.01 0.02 0.03 0.04 0.05 0.06 0.07 0.08] というように終点が含まれることが報告されています。これは，(0.08-0.01)/0.01 が浮動小数点計算の精度不足により 7 にならず，7.000000000000000888178419700125232338905334472656250 となってしまい，これを天井関数で繰り上げて 8 になってしまうことによります（mkgrei 氏のコメント（2017/12/17 15:49））。

```
      [4, 5, 6],
      [7, 8, 9]])
```

ndarray のデータの型（各次元ごとの要素の数）を知るには，shape（インスタンス変数というものですが，ここでは深い意味を知る必要はありません）を使います。例えば，いま定義した，a と A の場合は，このようになります。

```
In [19]: a.shape
Out[19]: (9,)
In [20]: A.shape
Out[20]: (3, 3)
```

おのおのの型が表示されていることがわかるでしょう。a.shape[0] は長さ 9 のベクトルにあたり，A.shape[0] は行の数 3，A.shape[1] は列の数です（同じですが）。行と列の値が異なる場合を見てみましょう。例えば，このようになります。

```
In [21]: b = np.array([1, 2, 3, 4, 5, 6])
In [22]: B = b.reshape(2,3)
In [23]: B
Out[23]:
array([[1, 2, 3],
       [4, 5, 6]])
In [24]: B.shape
Out[24]: (2, 3)
```

単に b の要素数を求めるときに，b.shape[0] のような書き方をすることも多いです（本書でも一部で使っています）。

行列（とベクトル）の計算もできます。例えば

$$A = \begin{pmatrix} 1 & 2 & 3 \\ -1 & 3 & 5 \end{pmatrix}, \quad B = \begin{pmatrix} -2 & 3 \\ 1 & -1 \\ 2 & -3 \end{pmatrix}, \quad \boldsymbol{u} = \begin{pmatrix} 1 \\ 2 \\ 5 \end{pmatrix}$$

に対し，$C = AB$, $\boldsymbol{v} = A\boldsymbol{u}$ を計算するには，リスト 1.1 のようにすれば問題ありません。行列の積 $ST$ が定義できるためには，$S$ の列数と $T$ の行数が一致していなければならないことに注意しましょう。

──────── リスト 1.1（matrixprod.py）────────

```
 1 import numpy as np
 2
 3 A = np.array([[1, 2, 3], [-1, 3, 5]])
 4 B = np.array([[-2, 3], [1, -1], [2, -3]])
 5 u = np.array([1, 2, 5]).reshape(3,1)
 6
 7 C = np.dot(A, B)
 8 v = np.dot(A, u)
 9 print(C)
10 print(v)
```

## 1.3　関数のベクトル化

　ここでは，関数が配列を引数に取ることができるようにする関数のベクトル化について簡単
に説明します。NumPy の関数として用意されているもの，例えば，先に使った **np.sin** など
は引数に配列を取ることができますが，独自に関数を作る場合には，うまくいかないこともあ
ります。例えば

$$x(t) = \begin{cases} 1 & (t \geq 5) \\ 0 & (0 \leq t < 5) \\ -1 & (t < 0) \end{cases}$$

という関数に対し，配列 $t$ をそのまま入力してもエラーが出てしまいます。この説明は IPython
よりもプログラムにしたほうがわかりやすいかと思います。**リスト 1.2** をご覧ください。

──────────── リスト **1.2**（vectorize.py）────────────

```
 1  import numpy as np
 2
 3  def stepfun(t):
 4      if t >= 5:
 5          return 1
 6      elif t >= 0:
 7          return 0
 8      else:
 9          return -1
10
11  npstepfun = np.vectorize(stepfun)
12
13  t = np.linspace(-5,10,16)
14  print(npstepfun(t))
```

　これを実行すると，つぎのようになります。配列に対して正しく計算が行われていることが
わかります。

```
[-1 -1 -1 -1 -1  0  0  0  0  0  1  1  1  1  1  1]
```

　しかし，11 行目から 14 行目までを

```
#npstepfun = np.vectorize(stepfun)

t = np.linspace(-5,10,16)
#print(npstepfun(t))
print(stepfun(t))
```

とすると，つぎのようなエラーが出ます。

```
ValueError: The truth value of an array with more than one element
is ambiguous. Use a.any() or a.all()
```

　これは，**stepfun** が **ndarray** を引数に取るようにできていないからです。つまり 11 行目を

```
npstepfun = np.vectorize(stepfun)
```

としておく必要があるわけです。これを関数のベクトル化といいます。

## 1.4　Matplotlib

　Matplotlib は図（グラフ）を描くのに使うライブラリで，豊富な機能を持っていますが，本書で利用するのはごく一部です（SciPy 経由で少し複雑な図を描いたりしますが）。IPython に近い，状態ベースインタフェース (state-based interface) の Pyplot と，オブジェクト指向インタフェースがあります†。前者は Matplotlib のもとになった MATLAB に類似したインタフェースで，とても手軽ですが，少し手の込んだことをするときは，オブジェクト指向インタフェースのほうが優れていると思います。本書ではどちらも使います。順に説明しましょう。

　例えば，IPython で $e^{-t^2}\sin(20t)$ のグラフを描きたいときは，つぎのようにします。

```
In [25]: import matplotlib.pyplot as plt
In [26]: import numpy as np
In [27]: t = np.linspace(-3, 3, 1000)
In [28]: plt.plot(t, np.exp(-t**2)*np.sin(20*t))
```

すると，図1.1 が描かれます。Spyder IDE では，図はデフォルトでプロットペイン (Spyder の右上の領域で，「プロット」タブをクリックすると見ることができます）と呼ばれるところに描画されます。ここで，IDE（統合開発環境，integrated development environment）とは，プログラム開発ツールをまとめたもので，プログラムのソースコードを編集するためのエディタや，グラフの描画，コマンドライン（ここでは IPython）などから構成されているものです。

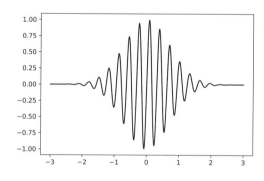

図 1.1　$e^{-t^2}\sin(20t)$ のグラフ

　plt.plot(x, y) のように書いた場合，x と y は同じ長さの配列でなければなりません。というのは，plt.plot は，$(x[0], y[0]), (x[1], y[1]), \cdots$ というように $x, y$ をおのおの $x$ 座標，$y$ 座標として点を打っていくからです。いまの場合はもちろん同じ長さになっています。

　図 1.1 では，タイトルをつけたり，軸の名前をつけたりしていませんが，やる気になればいろいろとできます。例えば，先ほどの操作の後に，リスト1.3 のように書けば，タイトルや軸のラベルをつけることができます。ドルマークで囲んであるものは TeX という組版ソフトの書

---

†　Matplotlib の公式ページ（https://matplotlib.org）にある A note on the Object-Oriented API vs Pyplot という記事を見ると詳細がわかります。

式です[†1]。

──────── リスト **1.3** (matplotlibexample.py) ────────

```
1 import matplotlib.pyplot as plt
2 import numpy as np
3 t = np.linspace(-3, 3, 1000)
4 plt.plot(t, np.exp(-t**2)*np.sin(20*t))
5 plt.title('sample graph $x(t)=e^{-t^2}\sin(20t)$')
6 plt.xlabel('t')
7 plt.ylabel('x')
8 plt.show()
```

もう少し凝った図を描いてみましょう。そのためには，小さなプログラムを書くほうが好都合です。

リスト 1.3 を実行すると，**図 1.2** のようになります。少し見栄えがよくなりました。Python で Matplotlib を使用するときは，最後に `plt.show()` 関数を呼んでグラフを表示します[†2]。7 行目の後に，グラフの画像を所望のファイル形式で保存することもできます。レポートを書く場合には，画像ファイルの形で保存しておくと便利でしょう。そのためには，`plt.show()` をコメントアウトして（試してみた限りでは，コメントアウトしないと画像が正しく保存されないようです。`plt.savefig` の後に `plt.show()` をおいても正しく動作するようです）

```
plt.savefig('graph.png')
```

のような形式で保存したいファイル名を書けば大丈夫です。ファイル形式は，拡張子（ここでは png）で自動的に判別してくれます。eps, jpeg, jpg, pdf, pgf, png, ps, raw, rgba, svg, svgz, tif, tiff の各ファイル形式に対応しています。これだけ多くのファイル形式に対応しているなら，大抵の用途で困ることはないのではないでしょうか。

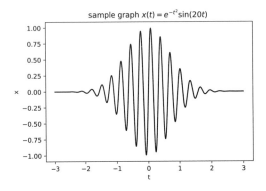

図 **1.2**　$e^{-t^2}\sin(20t)$ のグラフ

このほかにも凡例をつけたり，グラフ中に文字を入れたり，軸の表示範囲を変えたり，目盛を調整したり（非表示にしたり），線の色や種類，太さを変えたりなどいろいろとできるのです

---

[†1]　無理に使う必要はありませんが，数式がきれいに組版できるので数式を多用する分野でよく使われます。本書も LaTeX を使って執筆しました。

[†2]　`plt.show()` は，Python のセッションごとに使う必要があります。何度も使うと奇妙な動作をすることがあります。

が，グラフに凝るとプログラムが長くなってしまい，大事なところが見えにくくなってしまいますので，本書では必要最小限に留めます。ウェブを検索すれば，お好みの表示の仕方が見つかるだろうと思います。

つぎにオブジェクト指向的な方法を説明しましょう。この方法は，特に複数のグラフを並べて表示する例を見るとわかりやすいと思います。**リスト 1.4** のプログラムを実行すると，**図 1.3** が表示されます。

──────── リスト **1.4**（matplotlibexample2.py）────────

```
 1  import numpy as np
 2  import matplotlib.pyplot as plt
 3
 4  t = np.linspace(-5, 5, 1000)
 5  x1 = np.sin(t**2)
 6  x2 = 2*np.sin(t**2)*np.exp(-t**2/20)
 7  x3 = np.sin(t)**3
 8  x4 = np.sqrt(np.abs(t))*np.sin(t)
 9  x5 = np.cos(t)
10
11  fig = plt.figure()
12
13  ax1 = fig.add_subplot(2,2,1)
14  ax1.plot(t, x1)
15  ax1.set_ylim(-2.5, 2.5)
16
17  ax2 = fig.add_subplot(2,2,2)
18  ax2.plot(t, x2)
19  ax2.set_ylim(-2.5, 2.5)
20
21  ax3 = fig.add_subplot(2,2,3)
22  ax3.plot(t, x3)
23  ax3.set_ylim(-2.5, 2.5)
24
25  ax4 = fig.add_subplot(2,2,4)
26  ax4.plot(t, x4)
27  ax4.set_ylim(-2.5, 2.5)
28
29  #ax3.plot(t, x5)
30  plt.show()
```

リスト 1.4 の中身を説明しましょう。

1 行目から 9 行目まではこれまでと同様ですのでわかるでしょう。11 行目では，新規の（プロット用）ウィンドウ（グラフを描く領域）を確保しています。これだけ実行してもグラフは何も表示されません。この領域にグラフを描くには，13 行目のように，`fig.add_subplot()` を使います。これによって figure オブジェクトである **fig** の部分領域が確保され，グラフ，軸の目盛，ラベルなどを扱う axes オブジェクトが返されます。ここで，$(2, 2, 1)$ というのは 2 行（縦方向）2 列（横方向）の 1 番目という意味です。番号のつけ方は，**図 1.4** のようになります。カンマは省略できて，`fig.add_subplot(2, 2, 1)` の代わりに，`fig.add_subplot(221)` と

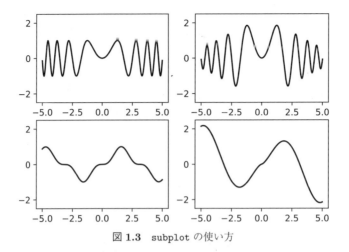

図 1.3  subplot の使い方

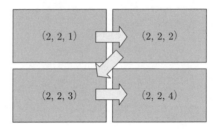

図 1.4  subplot で指定するプロット位置

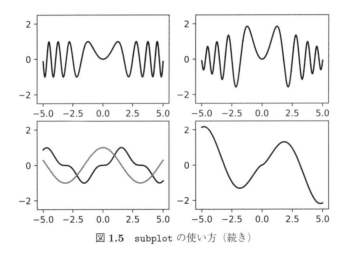

図 1.5  subplot の使い方（続き）

書くこともできます。これが **ax1** というオブジェクトですが，これに対して，**plot** メソッドを使ってグラフを描き，さらに $y$ 軸の範囲を $-2.5 \sim 2.5$ に設定しています。ほかも同様です。

グラフの数式は，順に，$x_1(t) = \sin(t^2)$，$x_2(t) = 2\sin(t^2)e^{-t^2/20}$，$x_3(t) = \sin^3 t$，$x_4(t) = \sqrt{|t|}\sin t$ ですが，見栄えが違えば何でもよく，ここで選んだ数式に特に意味があるわけではありません。適当に書き換えて遊んでみてください。

29 行目はコメントアウトされていますが，これを

```
ax3.plot(t, x5)
```

とすると，図 **1.5** のように，3 番目，つまり，左下の $(2, 2, 3)$ の位置に $x_5(t) = \cos t$ のグラフが重ね描きされます。

## —————— 章 末 問 題 ——————

問題 1-1 （**Python**）　NumPy を利用して，$x = (x[0], x[1], x[2], x[3]) = (-3, 2, 8, 9)$ に対し，$x[k]^3 - 3x[k]^2 + 5x[k] + 2$ $(k = 0, 1, 2, 3)$ を一度に求めてください。

問題 1-2 （**Python**）　NumPy を利用して，$x = (x[0], x[1], x[2], x[3]) = (-2, 3, 5, 7)$ に対し，$e^{-x[k]^2}$ $(k = 0, 1, 2, 3)$ を一度に求めてください。

問題 1-3 （**Python**）　NumPy を利用して，本文で扱った複素数の配列 $z = (-1 + 2i, 2.3 + 3.5i, -3.7 + 0.1i)$ の実部と虚部を求め，$\exp(z) = \exp(\mathrm{Re}z)(\cos(\mathrm{Im}z) + i\sin(\mathrm{Im}z))$ となることを確認してください。なお，$z$ の実部 $(\mathrm{Re}z)$，虚部 $(\mathrm{Im}z)$ はそれぞれ，`z.real`, `z.imag` とすれば取り出すことができます。

問題 1-4 （**Python**）　NumPy と Matplotlib を利用して，つぎの関数のグラフを描いてください。ただし，Pyplot ベース，オブジェクト指向ベース両方のやり方を試してみてください。なお，絶対値は，`np.abs`, 対数は，`np.log` です。
(1) $x(t) = e^{-|t|}\cos(30t)$ 　　(2) $x(t) = \log(1 + t)$

問題 1-5 （**Python**）　以下のような行列オブジェクト $C$ を作ってください。

$$C = \begin{pmatrix} 1 & 2 \\ 3 & 4 \\ 5 & 6 \end{pmatrix}$$

このとき，`len(C)` と `C.shape[0]`, `C.shape[1]` はそれぞれいくつでしょうか。

問題 1-6 （**Python**）　リスト 1.1 を実行してみてください。また，これを参考にして，適当な $(2, 3)$ 型の行列と $(3, 2)$ 型の行列の積を計算してみてください。

問題 1-7 （**Python**）　NumPy と Matplotlib を利用して，つぎの関数 $x(t)$ のグラフを描いてください（関数のベクトル化が必要になることに注意してください）。$t$ の範囲は，$-2 \leqq t \leqq 5$ までとしてください。Pyplot ベース，オブジェクト指向ベース両方のやり方を試してみてください。

$$x(t) = \begin{cases} e^{-(t-1)^2} & (t \geqq 1) \\ 1 & (0 \leqq t < 1) \\ \cos(10t) & (t < 0) \end{cases}$$

問題 1-8 （**Python**）　図 1.2 のグラフの色を赤に変え，グラフの線を破線にし，太さを 3 倍にしてください。ただし，Pyplot ベース，オブジェクト指向ベース両方のやり方を試してみてください。`plot` の引数では，色は `color`, 線種は `linestyle`, 太さは `linewidth` で指定でき

ます。なお，color に color='blue' のように色の名前を入れれば色が変わり，青色になります。線種は，実線'solid'，破線'dashed'，点破線'dashdot' があります。太さはデフォルトが 1.0 なので，2.0 とすれば 2 倍の太さになります。

問題 1-9 （**Python**）　リスト 1.4 のプログラムを参考にして，2 行 3 列のグラフを描いてみてください。グラフに使う数式は何でもかまいません。ただし，数式によっては目盛の調節が必要かもしれません。

問題 1-10 （**Python**）　一枚の figure の中に $x_1(t) = \cos t$ のグラフと $x_2(t) = \sin t$ のグラフを $-\pi \leq t \leq \pi$ の範囲で重ね描きしてください。ただし，$x_1(t) = \cos t$ のグラフの線は破線にしてください。

# 2 フーリエ級数展開

　本章では，与えられた周期関数を三角関数の和（級数）として表現するフーリエ級数展開について説明します。ここではフーリエ級数展開とはどんなものかを実例を交えて説明し，フーリエ級数部分和がどのように関数を近似するかを Python を使って調べます。

## 2.1　関数を級数展開することで何がわかるのか？

　本章の目的はフーリエ級数展開を説明することですが，関数を展開するとどんなことがわかるのかを説明するため，大学初年次の微積分で学んだテイラー展開をもう一度見直すことから始めることにします。

　関数 $f(x)$ の $x = x_0$ におけるテイラー展開[†1]とは

$$f(x) = a_0 + a_1(x - x_0) + a_2(x - x_0)^2 + \cdots + a_n(x - x_0)^n + \cdots \tag{2.1}$$

のように $f(x)$ を $x - x_0$ のべき級数として表現するものです。式 (2.1) の係数を決めるには，つぎつぎと微分して，$x = x_0$ を代入すればよいのでした。つまり

$$f(x_0) = a_0, \quad f'(x_0) = a_1, \quad f''(x_0) = 2a_2, \quad \cdots, \quad f^{(n)}(x_0) = n!a_n$$

から，$a_n = \dfrac{f^{(n)}(x_0)}{n!}$ が求まり，テイラー展開

$$f(x) = f(x_0) + f'(x_0)(x - x_0) + \frac{f''(x_0)}{2!}(x - x_0)^2 + \frac{f'''(x_0)}{3!}(x - x_0)^3 + \cdots \tag{2.2}$$

が得られるわけです。テイラー展開を途中で打ち切った関数は，$f(x)$ の $x = x_0$ の近くのよい近似になっています。例えば，一次の項で打ち切って

$$y = f(x_0) + f'(x_0)(x - x_0) \tag{2.3}$$

とすると，式 (2.3) は，点 $(x_0, f(x_0))$ における接線になっています。$f'(x_0) \neq 0$ であれば，$x_0$ の近くでは，一次の項 $f'(x_0)(x - x_0)$ は，二次以上の項 $\dfrac{f''(x_0)}{2!}(x - x_0)^2 + \cdots$ よりもずっと大きいので，式 (2.3) は，$f(x)$ のよい近似を与えています[†2]。$f'(x_0) = 0$ かつ $f''(x_0) \neq 0$ のときは，二次の項が相対的に大きくなるので

---

[†1]　話を単純化するため，無限回微分できるものとします。

[†2]　厳密には誤差評価まで含んだテイラーの定理が必要ですが，主題と離れてしまうので，ここでは感覚的に理解してください。

$$y = f(x_0) + \frac{f''(x_0)}{2!}(x - x_0)^2 \tag{2.4}$$

が，$f(x)$ のよい近似を与えることになります。式 (2.4) は，頂点の座標が $(x_0, f(x_0))$ の放物線であり，$f''(x_0)$ の符号が正であれば下に凸，負であれば上に凸であることがわかります。これによって極大値，極小値が求まるのでした。要するに，関数の $x = x_0$ の近くの形がわかることになります。つまり，「テイラー展開は，関数 $f(x)$ を $x - x_0$ の多項式で表すことで，$f(x)$ の局所的な形を取り出す道具」と考えることができるのです。

関数を何らかの単純な関数の和（テイラー展開の場合はべき級数）で表すことで，もとの関数の情報を取り出す方法が関数の級数展開なのです。

## 2.2  周波数情報を取り出す

フーリエ解析は，関数（信号）を三角関数（サインカーブ）というシンプルな波の和や積分で表すことにより，関数（信号）に含まれる周波数の情報を取り出す技術ととらえることができます。周波数の情報といわれても何のことかわからないと思うので，少し具体的な話にしてみましょう。周期 $T(> 0)$ の関数 $x(t)$ を考えます。つまり $x(t + T) = x(t)$ となる関数を考えます。$[-T/2, T/2]$ で与えられた関数と思ってもかまいません。$f(t)$ と書かなかったのは，後に $f$ を周波数の記号として使うため，また，$t$ の関数になっているのは，時間をイメージするためです。

テイラー展開のときと同様に，$x(t)$ を形式的に

$$x(t) = \frac{a_0}{2} + \sum_{n=1}^{\infty}(a_n \cos 2\pi f_0 nt + b_n \sin 2\pi f_0 nt) \tag{2.5}$$

というように三角関数の和の形で表現して，係数を決めることを考えましょう†。ここで，$f_0$ は，**基本周波数**（fundamental frequency）と呼ばれる正の定数です。

厳密な話は脇において，発見的考察を行います。右辺のおのおのの項はすべて周期 $T = \dfrac{1}{f_0}$ を持ちます。つまり，$t$ を $t + T$ に置き換えても値に変化はありません。より細かく見ると，$\sin 2\pi f_0 nt$，$\cos 2\pi f_0 nt$ は周期 $\dfrac{1}{f_0 n}$ の波です。

つまり，$t$ の単位を秒としたとき，$\sin 2\pi f_0 nt$，$\cos 2\pi f_0 nt$ は，1 秒間に $f_0 n$ 回振動することになります。この振動の回数を**周波数**（frequency）といいます。周波数の単位は，**ヘルツ**（Hz, Hertz）です。つまり，$\sin 2\pi f_0 nt$，$\cos 2\pi f_0 nt$ は，周波数 $f_0 n$ ヘルツの波ということになります。式 (2.5) は，周波数が $f_0$ の整数倍の波の重ね合わせになっているのです。$\omega_0 = 2\pi f_0$ を**基本角周波数**（fundamental angular frequency）といいます。$t$ の単位が秒なら角周波数の単位は**ラジアン毎秒**〔rad/s〕です。数学の教科書の多くは角周波数表示を採用していますが，本書では，信号処理や通信工学に合わせて周波数表示を用います。いちいち $2\pi$ を書かなければなら

---

†  ここで，定数項だけ 2 で割っているのは，後に導かれるフーリエ係数の表現を統一するためのもので本質的なものではありません。

ないのが面倒なのですが，工学的応用では周波数のほうが何かと便利です．本書では，計算の
わずらわしさを避けるため，例として挙げる関数は，できるだけ $f_0 = \dfrac{1}{2\pi}$ としてあります．式
(2.5) の右辺において，$n$ が小さい項は低周波（周波数が小さい），$n$ が大きい項は高周波（周
波数が大きい）ということです．音声信号の場合，低周波は低い音，高周波は高い音に対応し
ています．人が聴き取れる周波数（**可聴周波数**（audio frequency, audible frequency）といい
ます）は，20 Hz から 20000 Hz くらいだといわれています．

式 (2.5) の係数を決めましょう．唐突ですが，式 (2.5) の両辺を $-T/2$ から $T/2$ まで（ちょう
ど一周期分）積分してみることにします．積分と無限和の順序が交換できるものとして考えると[†]

$$\int_{-T/2}^{T/2} x(t)dt = \frac{a_0}{2}\int_{-T/2}^{T/2}dt + \sum_{n=1}^{\infty}\left(a_n\int_{-T/2}^{T/2}\cos 2\pi f_0 nt\,dt + b_n\int_{-T/2}^{T/2}\sin 2\pi f_0 nt\,dt\right)$$
$$(2.6)$$

$$\int_{-T/2}^{T/2}\cos 2\pi f_0 nt\,dt = \left[\frac{\sin 2\pi f_0 nt}{2\pi f_0 n}\right]_{-T/2}^{T/2} = \frac{1}{2\pi f_0 n}(\sin \pi f_0 nT + \sin \pi f_0 nT) = 0$$

$$\int_{-T/2}^{T/2}\sin 2\pi f_0 nt\,dt = \left[-\frac{\cos 2\pi f_0 nt}{2\pi f_0 n}\right]_{-T/2}^{T/2} = -\frac{1}{2\pi f_0 n}(\cos \pi f_0 nT - \cos \pi f_0 nT) = 0$$

ですから，式 (2.6) の右辺の第 2 項以降はすべて 0 になってしまいます．ここで $f_0 T = 1$ を使
いました（以後，この関係を頻繁に使いますので覚えておいてください）．よって

$$\int_{-T/2}^{T/2} x(t)dt = \frac{T}{2}a_0$$

となります．つまり

$$a_0 = \frac{2}{T}\int_{-T/2}^{T/2} x(t)dt \tag{2.7}$$

が得られます．つぎに，式 (2.5) の両辺に $\cos 2\pi f_0 kt$（$k$ は自然数）を掛けて $-T/2$ から $T/2$
まで積分してみましょう．

$$\int_{-T/2}^{T/2} x(t)\cos 2\pi f_0 kt\,dt = \frac{a_0}{2}\int_{-T/2}^{T/2}\cos 2\pi f_0 kt\,dt \tag{2.8}$$

$$+\sum_{n=1}^{\infty}\left(a_n\int_{-T/2}^{T/2}\cos 2\pi f_0 nt \cos 2\pi f_0 kt\,dt\right.$$

$$\left.+b_n\int_{-T/2}^{T/2}\sin 2\pi f_0 nt \cos 2\pi f_0 kt\,dt\right) \tag{2.9}$$

式 (2.8) は以下の式から 0 となります．

---

[†] 一般には交換できない（値が変わってしまうことがある）のですが，ここでは，順序交換しても値が変わ
　 らない場合だけ考えることにします．

$$\int_{-T/2}^{T/2} \cos 2\pi f_0 kt\,dt = \left[\frac{\sin 2\pi f_0 kt}{2\pi f_0 k}\right]_{-T/2}^{T/2} = 0$$

$n = k$ の項 (2.9) は，倍角の公式を使って

$$\int_{-T/2}^{T/2} \cos^2 2\pi f_0 kt\,dt = \int_{-T/2}^{T/2} \frac{1 + \cos 4\pi f_0 kt}{2}\,dt = \frac{1}{2}\left[t + \frac{\sin 4\pi f_0 kt}{4\pi f_0 k}\right]_{-T/2}^{T/2} = \frac{T}{2}$$

$$\int_{-T/2}^{T/2} \sin 2\pi f_0 kt \cos 2\pi f_0 kt\,dt = \frac{1}{2}\int_{-T/2}^{T/2} \sin 4\pi f_0 kt\,dt = \frac{1}{2}\left[-\frac{1}{4\pi f_0 k}\cos 4\pi f_0 kt\right]_{-T/2}^{T/2}$$
$$= 0$$

$n \neq k$ の項は，積を和に直す公式を使って

$$\int_{-T/2}^{T/2} \cos 2\pi f_0 nt \cos 2\pi f_0 kt\,dt$$

$$= \frac{1}{2}\int_{-T/2}^{T/2}\{\cos 2\pi f_0(n+k)t + \cos 2\pi f_0(n-k)t\}dt$$

$$= \frac{1}{2}\left[\frac{\sin 2\pi f_0(n+k)t}{2\pi f_0(n+k)} + \frac{\sin 2\pi f_0(n-k)t}{2\pi f_0(n-k)}\right]_{-T/2}^{T/2} = 0$$

$$\int_{-T/2}^{T/2} \sin 2\pi f_0 nt \cos 2\pi f_0 kt\,dt$$

$$= \frac{1}{2}\int_{-T/2}^{T/2}\{\sin 2\pi f_0(n+k)t + \sin 2\pi f_0(n-k)t\}dt$$

$$= \frac{1}{2}\left[-\frac{\cos 2\pi f_0(n+k)t}{2\pi f_0(n+k)} - \frac{\cos 2\pi f_0(n-k)t}{2\pi f_0(n-k)}\right]_{-T/2}^{T/2} = 0$$

となるので

$$\int_{-T/2}^{T/2} x(t) \cos 2\pi f_0 kt\,dt = \frac{T}{2}a_k$$

となります。$k$ を $n$ に取り替えれば

$$a_n = \frac{2}{T}\int_{-T/2}^{T/2} x(t) \cos 2\pi f_0 nt\,dt \tag{2.10}$$

が得られます。同様に，式 (2.5) の両辺に $\sin 2\pi f_0 kt$（$k$ は自然数）を掛けて $-T/2$ から $T/2$ まで積分することにより式 (2.11) が得られます。

$$b_n = \frac{2}{T}\int_{-T/2}^{T/2} x(t) \sin 2\pi f_0 nt\,dt \tag{2.11}$$

式 (2.7) と式 (2.10) がまとめられることに注意すると，得られた係数は，式 (2.11) と合わせて

$$a_n = \frac{2}{T}\int_{-T/2}^{T/2} x(t) \cos 2\pi f_0 nt\,dt \quad (n = 0, 1, \cdots) \tag{2.12}$$

$$b_n = \frac{2}{T} \int_{-T/2}^{T/2} x(t) \sin 2\pi f_0 nt dt \quad (n = 1, 2, \cdots) \tag{2.13}$$

となります。式 (2.12), (2.13) を $x(t)$ の**フーリエ係数**（Fourier coefficient）と呼び，これらを係数とした級数 (2.5) を $x(t)$ の**フーリエ級数**（Fourier series），$x(t)$ からフーリエ級数を求めることを $x(t)$ を**フーリエ展開**（Fourier expansion）するといいます。後で見るように，$x(t)$ とそのフーリエ級数はいつでもイコールで結べるわけではないので，$x(t)$ のフーリエ展開が式 (2.5) の右辺で与えられることを

$$x(t) \sim \frac{a_0}{2} + \sum_{n=1}^{\infty} (a_n \cos 2\pi f_0 nt + b_n \sin 2\pi f_0 nt)$$

のように「$\sim$」で表します。読み方は「チルダ」です。

　微分できない関数がテイラー展開できなかったのと同じく，どんな関数でもフーリエ展開できるわけではないのですが，細かい話は後回しにします。$x(t)$ に対して，そのフーリエ級数を考えるとき，有限の $N$ に対して以下の式を**フーリエ級数部分和**（partial sum of Fourier series）といいます。

$$S_N(t) = \frac{a_0}{2} + \sum_{n=1}^{N} (a_n \cos 2\pi f_0 nt + b_n \sin 2\pi f_0 nt)$$

部分和の項数 $K$ に対して，第 $K$ 項までの部分和のように表現することもあります。$x(t)$ のフーリエ級数部分和が $x(t)$ を近似する様子を見てみることにしましょう。

## 2.3　Python でフーリエ級数部分和を見てみよう

　$x_1(t) = |t| \ (-\pi \le t < \pi), x_1(t + 2\pi) = x_1(t)$ という周期 $T = 2\pi$ の関数を考えます。$x_1(t)$ はギザギザの折れ線になります。$x_1(t)$ は偶関数ですから，$x_1(t) \sin nt$ は奇関数となって，$b_n$ は $n$ によらずすべて 0 になってしまうことに注意しましょう。$x_1(t) \cos nt$ は（$n = 0$ の場合も含めて）すべて偶関数ですから

$$a_n = \frac{2}{\pi} \int_0^{\pi} t \cos nt dt$$

となります。$n = 0$ のとき

$$a_0 = \frac{2}{\pi} \int_0^{\pi} t dt = \frac{2}{\pi} \left[ \frac{t^2}{2} \right]_0^{\pi} = \pi$$

となります。$n \ge 1$ のときは，つぎのようになります。

$$a_n = \frac{2}{\pi} \int_0^{\pi} t \left( \frac{\sin nt}{n} \right)' dt = \frac{2}{\pi} \left[ t \left( \frac{\sin nt}{n} \right) \right]_0^{\pi} - \frac{2}{\pi} \int_0^{\pi} \frac{\sin nt}{n} dt$$

$$= -\frac{2}{\pi}\left[-\frac{\cos nt}{n^2}\right]_0^n = -\frac{2}{n^2\pi}\{1-(-1)^n\}$$

ここで，$\cos n\pi = (-1)^n$ となることを使いました。頻繁に使う関係ですので覚えておいてください。よって

$$x_1(t) = \frac{\pi}{2} - \frac{2}{\pi}\sum_{n=1}^{\infty}\frac{1-(-1)^n}{n^2}\cos nt = \frac{\pi}{2} - \frac{4}{\pi}\left(\cos t + \frac{\cos 3t}{3^2} + \frac{\cos 5t}{5^2} + \cdots\right)$$

$$(2.14)$$

となることがわかります。右辺が $x_1(t)$ のフーリエ級数です。ここで，左辺と右辺をイコールでつなぎましたが，これは $x_1(t)$ が連続なためで，一般にはイコールにはなりません。少しややこしいので詳細は後ほど説明します。フーリエ級数部分和のグラフを見てみましょう。リスト 2.1 を実行すれば図 2.1 のようなグラフを描くことができます。

リスト 2.1 のプログラムでは凝ったことは何もしていません。ただグラフを描くだけです。6

──────── リスト **2.1**（FourierExpansion1.py）────────

```python
1  import numpy as np
2  import matplotlib . pyplot as plt
3
4  PI = np.pi
5
6  def partialsum (t,n):
7      psum = PI /2
8      if n == 0:
9          return psum
10     for k in range (1,n+1) :
11         psum += -(4/ PI)*np. cos ((2*k -1) *t) /(2*k -1) **2
12     return psum
13
14 t = np. linspace (-PI , PI , 10000)
15 x = np. abs (t)
16 s = partialsum (t ,1)
17
18 plt . plot (t, x)
19 plt . plot (t, s)
20 plt.show ()
```

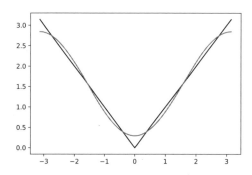

図 **2.1**　第 2 項までの部分和

行目で `partialsum(t, n)` 関数を定義していますが，ここでの $n$ は第 $n+1$ 項までの和に対応しています。$n=0$ のときは，$\frac{\pi}{2}$（定数関数）となります。リスト 2.1 では，$n=1$ となっていますが，これを変えれば任意の項までのフーリエ級数部分和を計算することができます。

図 2.1 は，$x_1(t)$ のグラフと，第 2 項までの部分和

$$\frac{\pi}{2} - \frac{4}{\pi}\cos t$$

を重ね合わせて描いたものです（ここでは白黒ですが，PC 上では 2 色で描かれるはずです）。項の数を増やして

$$\frac{\pi}{2} - \frac{4}{\pi}\left(\cos t + \frac{\cos 3t}{3^2}\right), \quad \frac{\pi}{2} - \frac{4}{\pi}\left(\cos t + \frac{\cos 3t}{3^2} + \frac{\cos 5t}{5^2}\right)$$

としたものが，それぞれ**図 2.2**，**図 2.3** です。だんだんに近似がよくなっていることがわかるでしょう。$x_1(t)$ は折れ線なのに三角関数を二つ三つ足しただけで随分うまく近似できています。あまりうまく近似できない場合もあるのですが，この問題については 4 章で詳しく扱います。

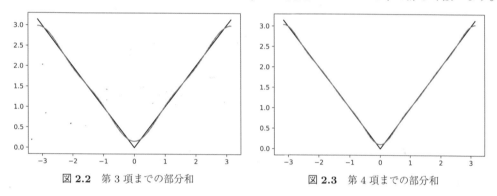

**図 2.2**　第 3 項までの部分和　　　　　　　**図 2.3**　第 4 項までの部分和

mpmath というライブラリを使うと，さらに簡単にできますので，少し紹介しておきます。mpmath は，フーリエ級数部分和の計算を自動的にやってくれます。**リスト 2.2** をご覧ください。リスト 2.2 を実行すると**図 2.4** が表示されます。

———————————————— リスト **2.2**（FourierMpmath.py）————————————————

```
1  import mpmath as mp
2
3  PI = mp.pi; I = [-PI, PI]
4  x = lambda t: abs(t)
5  ps = mp.fourier(x, I, 3)
6  psval = lambda t: mp.fourierval(ps, I, t)
7  mp.plot([x, psval], xlim = I)
```

1 行目で `mpmath` を `mp` という名前でインポートしていることと，3 行目で π を `PI` としていること，$I = [-\pi, \pi]$ としていることはわかるのではないかと思います（なお，軸ラベルはデフォルトのままです）。わかりにくいのは，4 行目の `lambda` という部分でしょう。これは**ラムダ式**（lambda expression）と呼ばれるもので，使い方は関数と同じです。ここでは，$t$ が引数

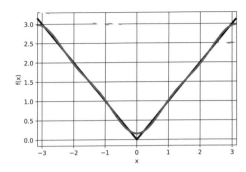

図 **2.4** 第 3 項までの部分和
（mpmath を使った場合）

になっており，$|t|$ が処理内容（かつ返り値）になっています。`mp.plot` では，`[x, psval]` というリストにグラフを追加して，`[x1, x2, x3]` のようにすれば，三つ以上のグラフの重ね描きもできます。なお，`mp.plot` の引数に，例えば `file = 'hogehoge.png'`（この例では，png 形式）のようにファイル名を与えれば，ファイルに書き出すこともできます。この例では，png 形式を指定しています。5 行目の `mp.fourier(x, I, 3)` では，関数 $x$ のフーリエ級数部分和（第 3 項まで）を求め，6 行目の `mp.fourierval(ps, I, t)` でこの値を関数化しています。

mpmath は便利なライブラリですが，便利すぎて中身が見えづらいため，フーリエ解析の学習にはやや不向きであり，また，本書で使う高速フーリエ変換（FFT）などでは NumPy のほうが便利なので，mpmath についてはこのあたりでやめておきます。

## 2.4　連続でない関数のフーリエ展開の例

いま，フーリエ展開した $x_1(t) = |t|$ は連続関数でしたが，ここでは不連続な関数をフーリエ展開してみましょう。先に，フーリエ級数ともとの関数は必ずしもイコールでつなげないといいましたが，その意味もここで説明します。つぎの周期 $T = 2\pi$ の関数を考えます。

$$x_2(t) = \begin{cases} 1 & (0 \le t < \pi) \\ -1 & (-\pi \le t < 0) \end{cases}, \quad x_2(t + 2\pi) = x_2(t)$$

$x_2(t)$ は奇関数ですので，$a_n = 0 \ (n = 0, 1, \cdots)$ となります。

$$b_n = \frac{2}{\pi} \int_0^\pi \sin nt\, dt = \frac{2}{\pi} \left[ -\frac{\cos nt}{n} \right]_0^\pi = \frac{2\{1 - (-1)^n\}}{n\pi}$$

となるので，$x_2(t)$ のフーリエ級数展開は

$$\sum_{n=1}^\infty \frac{2\{1 - (-1)^n\}}{n\pi} \sin nt = \frac{4}{\pi} \left( \sin t + \frac{\sin 3t}{3} + \frac{\sin 5t}{5} + \cdots \right)$$

となります。ここで，$x_2(t) = $ と書かなかったのには理由があります。$t = 0$ においては，級数の各項はすべて 0 なので，その和はもちろん 0 になります。しかし $x_2(0) = 1$ であり，値が一致しません。じつはその他の点では，各点で $x_2(t)$ とそのフーリエ級数の値は一致しています。

つぎの結果が知られています（証明は，高木[8][†]の定理 66 にあります）。

**定理 2.1**（ディリクレ＝ジョルダンの定理）　　区間 $[-T/2, T/2)$ において，区分的に連続な関数 $x(t)$ の $t = t_0$ におけるフーリエ級数は，右極限と左極限の算術平均

$$\frac{x(t_0 + 0) + x(t_0 - 0)}{2}$$

に収束する。特に $x(t)$ が $t = t_0$ で連続のとき，$x(t_0)$ に収束する。

リスト **2.3** を実行すると図 **2.5** が描かれます。先ほどのリスト 2.1 との違いは，関数が違う

────────── リスト **2.3**（FourierExpansion2.py）──────────

```
 1 import numpy as np
 2 import matplotlib.pyplot as plt
 3
 4 PI = np.pi
 5 def partialsum(t,n):
 6     psum = 0
 7     for k in range(1,n+1):
 8         psum += (4/PI)*np.sin((2*k-1)*t)/(2*k-1)
 9     return psum
10
11 def clk(t):
12     if t >= 0:
13         return 1
14     else:
15         return -1
16
17 npclk = np.vectorize(clk)
18
19 t = np.linspace(-PI, PI, 10000)
20 x = npclk(t)
21 s = partialsum(t,5)
22
23 plt.plot(t, x)
24 plt.plot(t, s)
25 plt.show()
```

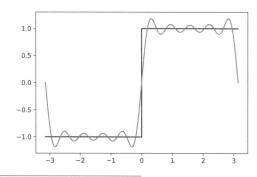

図 **2.5**　第 5 項までの部分和

────────────────────────
[†]　肩付き番号は巻末の引用・参考文献を表す。

ことはもちろんですが，17 行目の `np.vectorize` で関数のベクトル化をしているところです。不連続点の近くで波打ちが発生しています。この問題は，4 章で詳しく扱います。

定理 2.1 はもう少し拡張できて，区分的連続でなくても成り立つことが知られています。つぎのフェイエールの定理（定理 2.2）です。

---

**定理 2.2（フェイエールの定理）** $x(t)$ が可積分$^{\dagger}$ $\left( \displaystyle\int_{-T/2}^{T/2} |x(t)| dt < \infty \right)$ で，区間内の各点で右極限と左極限が存在すれば，フーリエ級数は，右極限と左極限の算術平均

$$\frac{x(t_0 + 0) + x(t_0 - 0)}{2}$$

に収束する。

---

$x_2(t)$ は，$t = 0$ で不連続ですが，$x(0 + 0) = 1$，$x(0 - 0) = -1$ ですから，確かに

$$\frac{x(0 + 0) + x(0 - 0)}{2} = \frac{1 + (-1)}{2} = 0$$

になっていることが確認できます。

---
**補足 2.1    フーリエ級数の収束はデリケート**

　数学の立場では，フーリエ級数が収束するかというのは大変デリケートな問題です。例えば，2.4 節の最初に挙げた不連続な関数 $x_2(t)$ のフーリエ展開は絶対収束しません。絶対収束というのは級数の各項の絶対値の和が収束することで，「絶対に収束する」という意味ではありません。この順序で和を取ったときに収束しますが，順序を変えると和が変わってしまうことが知られています（これを条件収束といいます）。

---

$x(t)$ が適当な条件を満たせば，そのフーリエ係数は $n \to \infty$ のとき 0 に収束することが知られています。一般につぎが成り立ちます。定理 2.3 は，**リーマン＝ルベーグの補題**（Riemann-Lebesgue lemma）と呼ばれています。

---

**定理 2.3（リーマン＝ルベーグの補題）** $x(t)$ が $\displaystyle\int_a^b |x(t)| dt < \infty$（$x(t)$ が可積分）を満たすとき，実数 $f_0 \neq 0$ に対して以下の式が成り立つ。

$$\lim_{n \to \infty} \int_a^b x(t) \left\{ \begin{array}{c} \cos 2\pi f_0 n t \\ \sin 2\pi f_0 n t \end{array} \right\} dt = 0$$

---

$\dagger$　可積分関数の正確な意味については，10 章で説明します。ここでは，絶対値の積分が有限な関数とだけ認識していただければ結構です。

　一般の場合の証明は10章で与えます。ここでは，$x(t)$ が微分可能で，$|x(t)| \leq M_1$，$|x'(t)| \leq M_2$ となるような実数 $M_1, M_2$ が存在する場合だけ証明しておきます。

**証明**　$\omega = 2\pi f_0$ とします。$\sin \omega nt$ の場合を示しましょう。$\cos \omega nt$ の場合も同じようにして示せます。

$$\int_a^b x(t) \sin \omega nt \, dt = \left[ -x(t) \frac{\cos \omega nt}{\omega n} \right]_a^b + \int_a^b x'(t) \frac{\cos \omega nt}{\omega n} dt$$

$$= -\frac{x(b) \cos \omega nb - x(a) \cos \omega na}{\omega n} + \frac{1}{\omega n} \int_a^b x'(t) \cos \omega nt \, dt$$

そのため，つぎのようになります。

$$\left| \int_a^b x(t) \sin \omega nt \, dt \right| \leq \frac{|x(b) \cos \omega nb| + |x(a) \cos \omega na|}{\omega n} + \frac{1}{\omega n} \int_a^b |x'(t) \cos \omega nt| dt$$

$$\leq \frac{|x(b)| + |x(a)|}{\omega n} + \frac{1}{\omega n} \int_a^b |x'(t)| dt$$

$$\leq \frac{2M_1}{\omega n} + \frac{M_2}{\omega n} \int_a^b dt$$

$$= \frac{2M_1}{\omega n} + \frac{M_2(b-a)}{n} \to 0 \quad (n \to \infty) \qquad \square$$

## 2.5　半区間展開

　区間 $[0, L)$（$(0, L]$ でも同様です）の関数を偶関数または奇関数として $[-L, L)$ または $(-L, L]$ に拡張して，さらに周期 $T = 2L$ の関数に拡張してフーリエ級数展開することを**半区間展開**（half-range expansion）といいます。特に偶関数として展開した場合，**フーリエ余弦展開**（Fourier-cosine expansion），奇関数として展開した場合は，**フーリエ正弦展開**（Fourier-sine expansion）といいます。このように呼ぶ理由は，偶関数として拡張した場合は，余弦関数の和になり，奇関数として拡張した場合は，正弦関数の和になるからです。両者は，区間 $[0, L)$ では一致しています。例を挙げましょう。

$$x_3(t) = t \quad (0 \leq t < \pi)$$

のフーリエ余弦展開を求めてみます。$x_3(t)$ を偶関数として周期 $2\pi$ の関数に拡張した場合は，$x_1(t)$ と同じですから，対応する半区間展開は

$$x_3(t) \sim \frac{\pi}{2} - \frac{2}{\pi} \sum_{n=1}^{\infty} \frac{1 - (-1)^n}{n^2} \cos nt \quad (0 \leq t < \pi)$$

となります（これは連続関数なので ∼ をイコールにできます）。奇関数として拡張した場合は

$$x_4(t) = t \quad (-\pi \leq t < \pi), \quad x_4(t + 2\pi) = x_4(t)$$

をフーリエ展開することになるわけです。奇関数のフーリエ余弦係数 $a_n$ はすべて 0 になります。フーリエ正弦係数 $b_n$ は

$$b_n = \frac{2}{\pi} \int_0^\pi t \sin nt\, dt = \frac{2}{\pi} \left( \left[ -t\frac{\cos nt}{n} \right]_0^\pi + \int_0^\pi \frac{\cos nt}{n}\, dt \right)$$

$$= \frac{2}{\pi} \left\{ -\pi\frac{(-1)^n}{n} + \left[ \frac{\sin nt}{n^2} \right]_0^\pi \right\} = \frac{2(-1)^{n-1}}{n}$$

となるので，フーリエ正弦展開は

$$x_4(t) \sim \sum_{n=1}^\infty \frac{2(-1)^{n-1}}{n} \sin nt$$

となります。$x_4(t)$ は不連続点では級数の値と一致しないことに注意しましょう。不連続点を除いた区間 $[0, \pi)$ においては，フーリエ余弦展開とフーリエ正弦展開は一致しているのですが，同程度の近似を得るのに必要な部分和の項数が大きく異なります。この様子をグラフにして観察してみましょう。つぎのプログラム（**リスト 2.4**）を実行してみてください。実行すると図 **2.6** が表示されます。

────── リスト **2.4** (SinCosExpansion.py) ──────

```python
import numpy as np
import matplotlib.pyplot as plt

PI = np.pi
def partialsumcos(t,n):
    psum = PI/2
    if n == 0:
        return psum

    for k in range(1,n+1):
        psum += -(4/PI)*np.cos((2*k-1)*t)/(2*k-1)**2
    return psum

def partialsumsin(t,n):
    psum = 0
    for k in range(1,n+1):
        psum += 2*(-1)**(k-1)*np.sin(k*t)/k
    return psum

def saw(t):
    return t

npsaw = np.vectorize(saw)

t = np.linspace(0, PI, 10000)
x = npsaw(t)
x1 = partialsumcos(t,3)
x2 = partialsumsin(t,3)

plt.plot(t, x)
plt.plot(t, x1)
plt.plot(t, x2)
plt.show()
```

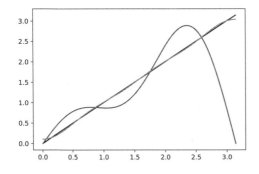

図 **2.6**　フーリエ余弦級数・正弦級数の
第 3 項までの部分和

　このプログラムでも，23 行目に numpy の vectorize 関数が使われています。これは返り値
が配列でない関数（ここでは saw）をベクトル化するために行っています。

　図 2.6 において大きくうねっているのがフーリエ正弦級数の第 3 項までの部分和で，直線に
非常に近い曲線がフーリエ余弦級数の第 3 項までの和です。図 2.6 だけ見ていると，フーリエ
正弦級数が収束しないような気さえしてきますが，partialsumsin(t,50) を描くと図 **2.7** の
ようになり，直線に近づいていることがわかります。ただし，不連続点の近くでは近似がよく
ないことがわかるでしょう。この現象はギブス現象と呼ばれるもので，4 章で説明します。

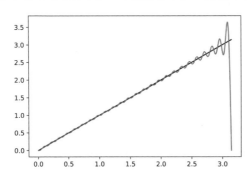

図 **2.7**　フーリエ正弦級数の
第 50 項までの部分和

─────── 章　末　問　題 ───────

問題 2-11　（**数学**）　つぎの関数のうち周期関数はどれでしょうか。周期関数についてはその周期も求
　めてください。周期関数でないものについては簡単に理由を述べてください（周期的でな
　いことの証明は難しいので，簡単な理由だけで大丈夫です）。

　　(1) $\cos 3t$　　(2) $\sin \dfrac{t}{2}$　　(3) $\sin t + \cos t$　　(4) $\cos \sqrt{2} t$　　(5) $\sin t + \sin \sqrt{2} t$
　　(6) $\sin t \cos t$　　(7) $\tan 3t$

問題 2-12　（**Python**）　リスト 2.1 の 6 行目の partialsum(t, n) 関数を利用して，第 6 項，第 7 項
　までの和のグラフと $x_1(t)$ のグラフを重ね描きし，$n$ とともに近似がよくなることを（目
　で）確認してください。

問題 2-13　（**Python**）　リスト 2.4 を修正して，図 2.7 を描いてください。

[問題 2-14] （**数学**）　式 (2.14) において $t = 0$ とおくことにより，無限級数 $\sum_{k-1}^{\infty} \dfrac{1}{(2k-1)^2}$ の和を求めてください。また，これを利用して，$\sum_{n=1}^{\infty} \dfrac{1}{n^2}$ の和を求めてください。

[問題 2-15] （**数学**）　以下の式をフーリエ展開してください。

$$x(t) = \begin{cases} \sin t & (0 \leqq t < \pi) \\ 0 & (-\pi \leqq t < 0) \end{cases} , \quad x(t+2\pi) = x(t)$$

[問題 2-16] （**数学**）　$x(t) = |\sin t|$ $(-\pi \leqq t < \pi)$, $x(t+2\pi) = x(t)$ をフーリエ展開してください。

[問題 2-17] （**数学**）　$x(t) = \sin at$ $(-\pi \leqq t < \pi)$, $x(t+2\pi) = x(t)$ をフーリエ展開してください。ただし，$a$ は整数ではないものとします。

[問題 2-18] （**数学**）　$x(t) = \cos at$ $(-\pi \leqq t < \pi)$, $x(t+2\pi) = x(t)$ をフーリエ展開してください。ただし，$a$ は整数ではないものとします。また，得られたフーリエ展開を利用して，無限級数

$$\sum_{n=1}^{\infty} \frac{(-1)^{n-1}}{n^2 - a^2}, \quad \sum_{n=1}^{\infty} \frac{1}{n^2 - a^2}$$

の和を求めてください。

[問題 2-19] （**数学**）　$x(t) = t^2$ $(-\pi \leqq t < \pi)$, $x(t+2\pi) = x(t)$ をフーリエ展開してください。また，得られたフーリエ展開を利用して，つぎの無限級数の和を求めてください。

$$\sum_{n=1}^{\infty} \frac{(-1)^{n-1}}{n^2}$$

[問題 2-20] （**Python**）　リスト 2.2 を修正して，$x(t) = te^t \sin t$, $x(t+2\pi) = x(t)$ のグラフと，このフーリエ級数部分和を重ね描きしてください。$t$ の範囲は，リスト 2.2 と同一にしてください。

[問題 2-21] （**数学**）（**Python**）　$x(t) = t^2$ $(0 \leqq t < \pi)$ を奇関数として拡張し，周期 $2\pi$ の周期関数と考えてフーリエ正弦展開してください。また，フーリエ正弦展開の最初の数項と $x(t) = t^2$ $(0 \leqq t < \pi)$ のグラフを重ね描きしてください。

# 3 関数の直交性

2章では，フーリエ展開とは何かを説明しました。三角関数の積分を巧妙に利用してフーリエ係数を決定しましたが，これを関数の直交性の観点から見直すのが本章の目的です。また，その副産物として，（一般には無限次元の）ピタゴラスの定理にあたるパーセバルの等式を導きます。最初にいっておくと，直交性を理解していなくても，結果だけ利用することはできます。しかし，2章で唐突に一周期分積分した理由なども，関数の直交性の観点で見るとすっきりと理解できますし，無限次元という荒唐無稽に見える世界を垣間見るのも面白いと思います。行き掛けの駄賃で，SymPy という数式処理のライブラリも使ってみることにします。

## 3.1 関数の世界に内積を導入する

3次元の複素ベクトル $\boldsymbol{u} = (u_1, u_2, u_3)$，$\boldsymbol{v} = (v_1, v_2, v_3)$ の内積は

$$(\boldsymbol{u}, \boldsymbol{v}) = u_1\overline{v_1} + u_2\overline{v_2} + u_3\overline{v_3} = \sum_{j=1}^{3} u_j\overline{v_j}$$

だったことを思い出してください。ここで，$\overline{v_j}$ は，$v_j$ の複素共役です。$\boldsymbol{u}$ と $\boldsymbol{v}$ が直交するとは，$(\boldsymbol{u}, \boldsymbol{v}) = 0$ となることでした。成分ごとに（一方は複素共役を取って）掛けて和を取る操作の連続的な類似として，関数の各点の値を（一方は複素共役を取って）掛けて積分したものを内積ということにします。つまり，（周期）関数どうしの内積をつぎのように定義します。

---

**定義 3.1** 周期 $T$ を持つ二つの複素数値の周期関数 $x(t)$ と $y(t)$ の間の内積をつぎのように定義する。また，$\|x\| = \sqrt{\langle x, x \rangle}$ を $x$ の $\boldsymbol{L^2}$ ノルム（$L^2$-norm）という。

$$\langle x, y \rangle = \int_{-T/2}^{T/2} x(t)\overline{y(t)}dt$$

---

$\langle x_1, x_2 \rangle$ は，以下のようなベクトルの内積と共通の性質を持っています。実数値関数に対する内積は，つぎのように書くことができます。

$$\langle x, y \rangle = \int_{-T/2}^{T/2} x(t)y(t)dt$$

これはいささか唐突に感じる方もいるでしょう。

まず，関数の集まりに内積を導入したいと考えたとき，関数のグランを点の集まりとみなすのは自然でしょう。しかし，そうなると無限に点が必要になります。そこで，少し妥協して，$\Delta t = T/(2N)$ の間隔で値を取って，成分の数（次元）$2N+1$ の「ベクトル」を考えます。面倒なので $x$, $y$ は実数値関数とします。

$$\boldsymbol{x} = (x(-T/2), x(-T/2+\Delta t), \cdots, x(T/2-\Delta t), x(T/2))$$
$$\boldsymbol{y} = (y(-T/2), y(-T/2+\Delta t), \cdots, y(T/2-\Delta t), y(T/2))$$

このベクトルの内積は

$$(\boldsymbol{x}, \boldsymbol{y}) = \sum_{j=0}^{2N} x(-T/2+j\Delta t)y(-T/2+j\Delta t)$$

となるわけです。このまま $N$ を大きくしたいところですが，発散してしまう可能性があります。そこで，右辺に $\Delta t$ を掛けてから $N \to \infty$ とするわけです。これは高等学校で習う**区分求積法**（quadrature by parts）です。これが以下の式になると考えればよいのです。

$$\int_{-T/2}^{T/2} x(t)y(t)dt$$

要するに，関数の集まりというのは無限次元（$N \to \infty$ としたのですから）なのです。何だか恐ろしい感じがするかもしれませんが，フーリエ解析では日常的に使うものです。

関数の内積がベクトルの内積の一種の極限になっていることがわかれば，以下の性質はほぼ明らかではないかと思います。

---
**命題 3.1**（内積の性質）

(1)  $\langle x_1 + x_2, y \rangle = \langle x_1, y \rangle + \langle x_2, y \rangle$

(2)  $\langle \alpha x_1, x_2 \rangle = \alpha \langle x_1, x_2 \rangle$

(3)  $\langle x_1, x_2 \rangle = \overline{\langle x_2, x_1 \rangle}$

(4)  $\langle x, x \rangle \geqq 0$

(5)  $\langle x, x \rangle = 0$ ならば，$x = 0$

---

ただし，ベクトルの内積のときには成り立っている「$\langle x,x \rangle = 0$ ならば，$x = 0$」（命題3.1(5)）という性質は，そのままでは成立しないので，0 である，ということの意味を少し見直す必要があります。例えば，$x$ が連続関数ならこの性質が成り立ちますが，連続でないときは成立するとは限りません。$t$ が有理数のとき1で，無理数のとき0というような関数を考えると，積分は（ルベーグ積分の意味で）0になりますが，$x$ は0ではないからです。先の性質は，「$\langle x,x \rangle = 0$ ならば，$x$ はほとんどいたるところ0」と解釈すれば成り立っています。ルベーグ積分や「ほとんどいたるところ」の意味については，10章で説明します。

このような違いはあるものの，ほぼベクトルの内積と同じ性質を持っていることがわかるでしょう。有限または無限区間 $(a, b)$ で定義された関数で，$L^2$ ノルムが有限であるようなもの全体を $L^2(a, b)$ と書きます。関数の集まり（集合）に内積を入れたものは，**$L^2$ 空間**（$L^2$-space）というように**関数空間**（function space）と呼ばれることがあります。$x$ が $L^2(a, b)$ に属する（区間 $(a, b)$ で **$L^2$ 条件**（$L^2$-condition）を満たす）ことを，集合の記号で，$x \in L^2(a, b)$ のように書きます。

**定義 3.2**　$\langle x, y \rangle = 0$ となるとき，$x$ と $y$ は直交するという。

関数のノルムや内積の計算例を見てみましょう。以下，$f_0 = 1/T$ を基本周波数とします。$L^2(-T/2, T/2)$ における $x_n(t) = \cos 2\pi f_0 n t$ の $L^2$ ノルムは，$n \geq 1$ のとき

$$\|x_n\|^2 = \int_{-T/2}^{T/2} |x(t)|^2 dt = \int_{-T/2}^{T/2} \cos^2 2\pi f_0 nt dt = \frac{1}{2} \int_{-T/2}^{T/2} (1 + \cos 4\pi f_0 nt) dt$$

$$= \frac{1}{2} \left[ t + \frac{1}{4\pi f_0 n} \sin 4\pi f_0 nt \right]_{-T/2}^{T/2} = \frac{T}{2}$$

から $\|x_n\| = \sqrt{\dfrac{T}{2}}$ となります。$n = 0$ のときは，$\|x_0\| = \sqrt{T}$ になります。

$x_m(t) = \cos 2\pi f_0 mt$ と $y_n(t) = \sin 2\pi f_0 nt$ $(m \geq 0, n \geq 1)$ の内積は，$m \neq n$ のとき

$$\langle x_m, y_n \rangle = \int_{-T/2}^{T/2} \cos 2\pi f_0 mt \sin 2\pi f_0 nt dt$$

$$= \frac{1}{2} \int_{-T/2}^{T/2} \{\sin 2\pi f_0(n + m)t + \sin 2\pi f_0(n - m)t\} dt$$

$$= \frac{1}{2} \left[ -\frac{\cos 2\pi f_0(n + m)t}{2\pi f_0(n + m)} - \frac{\cos 2\pi f_0(n - m)t}{2\pi f_0(n - m)} \right]_{-T/2}^{T/2} = 0$$

となりますから，$x_m$ と $y_n$ は直交していることがわかります。同様に計算すると，$\langle x_n, y_n \rangle = 0$，$\langle x_m, x_n \rangle = 0$ $(m \neq n)$，$\langle y_m, y_n \rangle = 0$ $(m \neq n)$ であることもわかります。

## 3.2　シュヴァルツの不等式と三角不等式

命題 3.1 の条件すべてを満たすものを（逆に）内積と定義します。内積の性質だけで主張できることはいくつかありますが，ここでは，そのうち最も重要な**シュヴァルツの不等式**（Schwarz's inequality）と**三角不等式**（triangle inequality）を説明します。

**定理 3.1**（シュヴァルツの不等式）

$$|\langle x, y \rangle| \leq \|x\| \|y\|$$

が成り立つ。等号が成り立つ必要十分条件は，$x, y$ が一次従属であることである。

---

**証明**　$\lambda$ を複素数とします。$x = 0$ のとき，不等式が成り立つことは明らかですので，$x \neq 0$ と仮定しましょう。

$$0 \leq \|\lambda x + y\|^2 = \langle \lambda x + y, \lambda x + y \rangle = \langle \lambda x, \lambda x \rangle + \langle \lambda x, y \rangle + \langle y, \lambda x \rangle + \langle y, y \rangle$$

$$= |\lambda|^2 \|x\|^2 + \lambda \langle x, y \rangle + \overline{\lambda} \overline{\langle x, y \rangle} + \|y\|^2$$

$$= \left( \lambda \|x\| + \frac{\overline{\langle x, y \rangle}}{\|x\|} \right) \overline{\left( \lambda \|x\| + \frac{\overline{\langle x, y \rangle}}{\|x\|} \right)} - \frac{|\langle x, y \rangle|^2}{\|x\|^2} + \|y\|^2$$

$$= \left| \lambda \|x\| + \frac{\overline{\langle x, y \rangle}}{\|x\|} \right|^2 - \frac{|\langle x, y \rangle|^2}{\|x\|^2} + \|y\|^2$$

となります。

$$\lambda = -\frac{\overline{\langle x, y \rangle}}{\|x\|^2}$$

とおくと，つぎのようになります。これを整理すれば，求める不等式が得られます。

$$0 \leq -\frac{|\langle x, y \rangle|^2}{\|x\|^2} + \|y\|^2$$

つぎに等号が成り立つ条件を考えます。まず，等号が成立したとすると

$$\lambda = -\frac{\overline{\langle x, y \rangle}}{\|x\|^2}$$

とおけば，上記の計算から，$\|\lambda x + y\|^2 = 0$ ですから，$\lambda x + y = 0$ となります。逆に $x, y$ が一次従属のときに等号が成立することはすぐにわかります。　　□

---

**補足 3.1**　**3 次元ベクトルに対するシュヴァルツの不等式**

シュヴァルツの不等式は，例えば 3 次元のベクトル $\boldsymbol{u}, \boldsymbol{v}$ に対しては，内積が，この二つのベクトルのなす角を $\theta$ としたとき $(\boldsymbol{u}, \boldsymbol{v}) = \|\boldsymbol{u}\|\|\boldsymbol{v}\|\cos\theta$ と書けることを考えればイメージしやすいでしょう。$\cos\theta$ は，$-1$ と $1$ の間の値しか取らず，$-1$ か $1$ を取るときは，$\theta = 0, \pi$ ですから，$\boldsymbol{u}$ と $\boldsymbol{v}$ は同じ方向か逆方向を向いているからです。この性質が関数の内積のようなものも含めて成り立つというのがシュヴァルツの不等式なのです。

---

絶対値について $|a+b| \leq |a| + |b|$ が成り立つことは容易に確認できますが，これをノルムに拡張したものが三角不等式です。三角不等式は，シュヴァルツの不等式から導くことができます。

---

**定理 3.2**（三角不等式）

$$\|x + y\| \leq \|x\| + \|y\|$$

証明 シュヴァルツの不等式より

$$\|x + y\|^2 = \|x\|^2 + 2\mathrm{Re}(\langle x, y \rangle) + \|y\|^2 \leq \|x\|^2 + 2|\langle x, y \rangle| + \|y\|^2$$
$$\leq \|x\|^2 + 2\|x\|\|y\| + \|y\|^2 = (\|x\| + \|y\|)^2$$

となります。両辺の平方根を取れば求める不等式が得られます。 $\square$

定理 3.2 の不等式が三角不等式と呼ばれる理由は，$x$ と $y$ の距離を $d(x, y) = \|x - y\|$ で定義するとき

$$d(x, z) \leq d(x, y) + d(y, z)$$

を導くからです。実際，三角不等式よりつぎのようになります。

$$d(x, z) = \|(x - y) + (y - z)\| \leq \|x - y\| + \|y - z\| = d(x, y) + d(y, z)$$

これは $x, y, z$ を頂点とする三角形において，一辺の長さよりも他の二辺の長さの和のほうが大きい（つぶれて一直線上にあるときは，一辺の長さと他の二辺の長さの和は等しい）ことを意味しています（図 **3.1**）。これが「三角不等式」の名前の由来です。

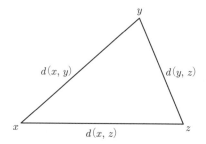

図 **3.1** 三角不等式

$L^2(-\pi, \pi)$ における $x_1(t) = \sin t$ と $x_2(t) = \cos t$ の距離を求めてみましょう。

$$d(x_1, x_2)^2 = \int_{-\pi}^{\pi} (\sin t - \cos t)^2 dt = \int_{-\pi}^{\pi} (1 - 2 \sin t \cos t) dt$$
$$= \int_{-\pi}^{\pi} (1 - \sin 2t) dt = \left[ t + \frac{\cos 2t}{2} \right]_{-\pi}^{\pi} = 2\pi$$

ですから，$d(x_1, x_2) = \sqrt{2\pi}$ となります。

ついでといっては何ですが，Python の SymPy ライブラリを使えば積分の計算などもできるので，少し紹介しておきましょう。SymPy は数式処理のライブラリで，$x$, $y$, $z$, $t$ などの文字を数学で使うようなシンボルとして扱うことができます。例えば，$t$, $\infty$, $\pi$ を文字として扱うには，つぎのようにします。

```
import sympy as sym
t = sym.Symbol('t')
oo = sym.oo
PI = sym.S.Pi
```

SymPy を使う $x_1(t)=\sin t$ と $x_2(t)=\cos t$ の距離（の二乗）の計算は，`sym.integrate` を使えば，近似値ではなく厳密な値が求まります。まとめるとリスト **3.1** のようになります。

—— リスト **3.1**（symbolIntegral.py）——

```
1 import sympy as sym
2
3 PI = sym.S.Pi
4
5 t = sym.Symbol('t')
6 I = sym.integrate((sym.sin(t)-sym.cos(t))**2, (t, -PI, PI))
7 print(I)
```

実行してみてください。きちんと $2\pi$ になるはずです。この程度の計算ならどうということもないですが，もう少しややこしい関数ですと，SymPy を使ったほうが便利です（問題 3-23 参照）。

## 3.3　フーリエ係数と内積

つぎにフーリエ係数を内積の立場で見直してみることにしましょう。まず，3 次元ベクトル（空間ベクトル）の成分と内積の関係を考えます。三つの「たがいに直交していてノルムが 1」の空間ベクトル $v_1$, $v_2$, $v_3$ があるとします。勝手に取ってきた空間ベクトル $u$ は，$v_1$, $v_2$, $v_3$ と定数 $c_1$, $c_2$, $c_3$ を用いて

$$u = c_1 v_1 + c_2 v_2 + c_3 v_3$$

のように書くことができます。両辺と $v_1$ との内積を取れば，$(v_i, v_j) = 0\ (i \neq j)$ であることと，$(v_i, v_i) = 1\ (i = 1, 2, 3)$ であることから

$$(u, v_1) = (c_1 v_1 + c_2 v_2 + c_3 v_3, v_1) = c_1(v_1, v_1) + c_2(v_2, v_1) + c_3(v_3, v_1) = c_1$$

となります。つまり，$c_1 = (u, v_1)$ であることがわかります。同様に，$c_2 = (u, v_2)$, $c_3 = (u, v_3)$ となることがわかるので次式のように書くことができます。

$$u = (u, v_1)v_1 + (u, v_2)v_2 + (u, v_3)v_3$$

いまの考え方を関数の内積に対しても適用してみましょう。簡単のため，ここでは実数値関数のみ考えます。つぎのような，たがいに直交する $L^2$ ノルム 1 の関数を用意します。

$$\phi_0, \phi_1, \cdots, \phi_n, \cdots$$

たがいに直交して $L^2$ ノルム 1 であるという条件は，まとめて $\langle \phi_i, \phi_j \rangle = \delta_{ij}$ と書くことができます。ここで，$\delta_{ij}$ はクロネッカーのデルタと呼ばれる記号で，$i = j$ のとき 1 で，$i \neq j$ のとき 0 と定義されています。先ほどの空間ベクトルと同じ議論により，勝手な関数 $x$ を

$$x = \sum_{n=0}^{\infty} \langle x, \phi_n \rangle \phi_n \tag{3.1}$$

のように展開できるのではないでしょうか。これは条件つきでうまくいきます。$\phi_0, \phi_1, \phi_2, \cdots$ を

$$\sqrt{\frac{1}{T}}, \sqrt{\frac{2}{T}} \cos 2\pi f_0 t, \sqrt{\frac{2}{T}} \sin 2\pi f_0 t, \sqrt{\frac{2}{T}} \cos 4\pi f_0 t, \sqrt{\frac{2}{T}} \sin 4\pi f_0 t, \cdots \tag{3.2}$$

とすると，条件つきで以下のように定めることによって式 (3.1) が成り立つのです。

$$\langle x, \phi_n \rangle = \int_{-T/2}^{T/2} x(t) \phi_n(t) dt$$

## 3.4　ベッセルの不等式・パーセバルの等式

空間ベクトルの表示式

$$\boldsymbol{u} = \sum_{n=1}^{3} (\boldsymbol{u}, \boldsymbol{v}_n) \boldsymbol{v}_n$$

を思い出しましょう。両辺と $\boldsymbol{u}$ の内積を取ると

$$\|\boldsymbol{u}\|^2 = \left( \sum_{i=1}^{3} (\boldsymbol{u}, \boldsymbol{v}_i) \boldsymbol{v}_i, \sum_{j=1}^{3} (\boldsymbol{u}, \boldsymbol{v}_j) \boldsymbol{v}_j \right) = \sum_{i=1}^{3} (\boldsymbol{u}, \boldsymbol{v}_i) \left( \boldsymbol{v}_i, \sum_{j=1}^{3} (\boldsymbol{u}, \boldsymbol{v}_j) \boldsymbol{v}_j \right)$$

$$= \sum_{i=1}^{3} \sum_{j=1}^{3} (\boldsymbol{u}, \boldsymbol{v}_i) \overline{(\boldsymbol{u}, \boldsymbol{v}_j)} (\boldsymbol{v}_i, \boldsymbol{v}_j) = \sum_{i=1}^{3} \sum_{j=1}^{3} (\boldsymbol{u}, \boldsymbol{v}_i) \overline{(\boldsymbol{u}, \boldsymbol{v}_j)} \delta_{ij} = \sum_{i=1}^{3} |(\boldsymbol{u}, \boldsymbol{v}_i)|^2$$

となります。よく見ると，これはピタゴラスの定理です。

この結果を関数の $L^2$ ノルムに当てはめると

$$\|x\|^2 = \sum_{n=0}^{\infty} |\langle x, \phi_n \rangle|^2$$

となるような気がします。第 $N$ 項までで打ち切って空間ベクトルと同じように計算し，$N \to \infty$ とすればよいように見えますが，この等式は，$\phi_n$ $(n = 0, 1, \cdots)$ が単に $L^2$ ノルム 1 でたがいに直交しているだけでは成り立ちません。

例えば，たがいに直交する $L^2$ ノルム 1 の関数

$$\sqrt{\frac{2}{T}} \sin 2\pi f_0 t, \ \sqrt{\frac{2}{T}} \sin 4\pi f_0 t, \ \sqrt{\frac{2}{T}} \sin 6\pi f_0 t, \cdots$$

で関数を展開することを考えましょう。このとき，例えば，$x(t) = |t|$ を周期 $T = 2\pi$ の周期関数としてフーリエ展開すると，これらの関数と $x$ との内積はすべて 0 になってしまいますが，$x$ の $L^2$ ノルムの二乗 $\|x\|^2$ は，$2\pi^3/3$ であって 0 ではありません。考えている直交関数はすべ

て奇関数なので，偶関数を表現できないのです。つまり，一般には，等式ではなくて，つぎの不等式（ベッセルの不等式（Bessel's inequality））が成り立ちます。

---

**定理 3.3**（ベッセルの不等式）　$\{\phi_n\}$ が正規直交系であるとき，つぎの不等式が成り立つ。

$$\sum_{n=0}^{\infty} |\langle x, \phi_n \rangle|^2 \leq \|x\|^2 \tag{3.3}$$

---

上記の例では，左辺が $0$ で右辺が $2\pi^3/3$ となって成り立っています。いまの例では，奇関数だけで偶関数がない，というような「足りない関数がある」直交系でしたが，勝手に持ってきた関数 $x$ を表現するのに過不足がない関数系を定義しておきましょう。

---

**定義 3.3**　$L^2(a,b)$ において，$\phi_0, \phi_1, \cdots, \phi_n, \cdots$ が**完全正規直交系**（complete orthonormal system）または**正規直交基底**（orthonormal basis）であるとは，$L^2$ 条件を満たす勝手な関数 $x$ に対して，数列 $\{\alpha_n\}$ が存在してつぎのようになることである。

$$\left\| x - \sum_{n=0}^{N} \alpha_n \phi_n \right\| \to 0 \quad (N \to \infty)$$

---

**定理 3.4**（パーセバルの等式）　$\{\phi_n\}$ が完全正規直交系のとき，つぎの等式が成り立つ。

$$\sum_{n=0}^{\infty} |\langle x, \phi_n \rangle|^2 = \|x\|^2 \tag{3.4}$$

---

じつは，$\phi_0, \phi_1, \cdots, \phi_n, \cdots$ が完全正規直交系であることと，ベッセルの不等式において等式が成り立つことは同値です。式 (3.2) は，完全正規直交系になっていることが知られています。証明には可測関数の概念が必要になります（可測関数については，10 章で説明します）。**パーセバルの等式**（Parseval's identity）は無限次元のピタゴラスの定理と考えることができます。フーリエ係数は，座標のようなものなのです。無限次元は案外身近にあるのです。なお，定理 3.4 の証明は多くの準備を必要とするので割愛します。ベッセルの不等式がなぜ成り立つのかという大まかな理由については 3.5 節で説明します。

## 3.5　フーリエ係数の最適性とベッセルの不等式

ここでは，ベッセルの不等式（定理 3.3）がどのように導かれるか，その概略を示します。計算がわずらわしくないように，周期は，$T = 2\pi$ とします。

$$w_1(a) = \int_{-\pi}^{\pi} (x(t) - a\cos t)^2 dt$$

を最小にするような実数 $a$ の値を求めることを考えます。$w_1(a)$ は，$a$ の二次関数であり

$$w_1'(a) = -2\int_{-\pi}^{\pi} \cos t(x(t) - a\cos t)dt$$

ですので，$w_1'(a) = 0$ となる $a$ を求めればよいです。

$$
\begin{aligned}
\int_{-\pi}^{\pi} \cos t(x(t) - a\cos t)dt &= \int_{-\pi}^{\pi} x(t)\cos t dt - a\int_{-\pi}^{\pi} \cos^2 t dt \\
&= \int_{-\pi}^{\pi} x(t)\cos t dt - \frac{a}{2}\int_{-\pi}^{\pi} (1 + \cos 2t)dt \\
&= \int_{-\pi}^{\pi} x(t)\cos t dt - \frac{a}{2}\left[t + \frac{1}{2}\sin 2t\right]_{-\pi}^{\pi} \\
&= \int_{-\pi}^{\pi} x(t)\cos t dt - \pi a = 0
\end{aligned}
$$

を解けばつぎのようになります。これはフーリエ係数 $a_1$ にほかなりません。

$$a = \frac{1}{\pi}\int_{-\pi}^{\pi} x(t)\cos t dt$$

この問題を少し拡張して

$$w_2(a, b) = \int_{-\pi}^{\pi} (x(t) - a\cos t - b\sin t)^2 dt$$

を最小にするような実数 $a, b$ の値を求める問題を考えてみましょう。偏微分すれば，同じように計算することができます。まず $a$ で偏微分して $0$ とおいてみましょう。$\cos t$ と $\sin t$ の直交性に注意して計算すると，つぎのようになります。

$$
\begin{aligned}
\frac{\partial w_2}{\partial a} &= 2\int_{-\pi}^{\pi} \cos t(x(t) - a\cos t - b\sin t)dt \\
&= 2\int_{-\pi}^{\pi} x(t)\cos t dt - 2a\int_{-\pi}^{\pi} \cos^2 t dt - 2b\int_{-\pi}^{\pi} \cos t\sin t dt \\
&= 2\int_{-\pi}^{\pi} x(t)\cos t dt - 2\pi a = 0
\end{aligned}
$$

つまり，つぎのようになります。

$$a = \frac{1}{\pi}\int_{-\pi}^{\pi} x(t)\cos t dt$$

これはフーリエ係数 $a_1$ です。先ほどとまったく同じ結果が出てきました。同様に計算すれば

$$b = \frac{1}{\pi}\int_{-\pi}^{\pi} x(t)\sin t dt$$

となります。これはフーリエ係数 $h_1$ にほかなりません。注意深い読者は気づいていると思いますが

$$y(t) = \frac{\alpha_0}{2} + \sum_{n=1}^{N} (\alpha_n \cos nt + \beta_n \sin nt)$$

に対し

$$\int_{-\pi}^{\pi} (x(t) - y(t))^2 dt$$

が最小になるように，$\alpha_n(n=0,1,\cdots,N)$，$\beta_n(n=1,2,\cdots,N)$ を決めると，これらはフーリエ係数 $a_n(n=0,1,\cdots,N)$，$b_n(n=1,2,\cdots,N)$ に一致します。これは，$\|x-y\|$ を最小化する $y$ を求める問題と考えることができます。

　一般化して考えてみましょう。$\phi_0, \phi_1, \cdots, \phi_N$ を正規直交系とします。このとき

$$\left\| x - \sum_{n=0}^{N} \gamma_n \phi_n \right\|$$

を最小化する問題を考えます。

$$\begin{aligned}
\left\| x - \sum_{n=0}^{N} \gamma_n \phi_n \right\|^2 &= \left\langle x - \sum_{n=0}^{N} \gamma_n \phi_n, x - \sum_{n=0}^{N} \gamma_n \phi_n \right\rangle \\
&= \|x\|^2 - \left\langle \sum_{n=0}^{N} \gamma_n \phi_n, x \right\rangle - \left\langle x, \sum_{n=0}^{N} \gamma_n \phi_n \right\rangle + \left\| \sum_{n=0}^{N} \gamma_n \phi_n \right\|^2 \\
&= \|x\|^2 - \sum_{n=0}^{N} \gamma_n \langle \phi_n, x \rangle - \sum_{n=0}^{N} \overline{\gamma_n} \langle x, \phi_n \rangle + \sum_{n=0}^{N} |\gamma_n|^2 \\
&= \|x\|^2 - 2 \sum_{n=0}^{N} \mathrm{Re}(\gamma_n \overline{\langle x, \phi_n \rangle}) + \sum_{n=0}^{N} |\gamma_n|^2
\end{aligned}$$

ここで，$h = \left\| x - \sum_{n=0}^{N} \gamma_n \phi_n \right\|^2$ とおき，$\gamma_n$ を実部と虚部に分けて，$\gamma_n = \alpha_n + i\beta_n$ と書けば

$$h = \|x\|^2 - 2 \sum_{n=0}^{N} \{\alpha_n \mathrm{Re}(\langle x, \phi_n \rangle) + \beta_n \mathrm{Im}(\langle x, \phi_n \rangle)\} + \sum_{n=0}^{N} (\alpha_n^2 + \beta_n^2) \qquad (3.5)$$

式 (3.5) の両辺を $\alpha_k$，$\beta_k$ で微分して 0 とおくと，それぞれ

$$\frac{\partial h}{\partial \alpha_k} = -2\mathrm{Re}(\langle x, \phi_k \rangle) + 2\alpha_k = 0$$
$$\frac{\partial h}{\partial \beta_k} = -2\mathrm{Im}(\langle x, \phi_k \rangle) + 2\beta_k = 0$$

となります。つまり，$\alpha_k = \mathrm{Re}(\langle x, \phi_k \rangle)$，$\beta_k = \mathrm{Im}(\langle x, \phi_k \rangle)$ となります。これは

$$\gamma_k = \mathrm{Re}(\langle x, \phi_k \rangle) + i\mathrm{Im}(\langle x, \phi_k \rangle) = \langle x, \phi_k \rangle$$

であることを示しています。このとき

$$\left\| x - \sum_{n=0}^{N} \langle x, \phi_n \rangle \phi_n \right\|^2 = \|x\|^2 - 2\sum_{n=0}^{N} \langle x, \phi_n \rangle \overline{\langle x, \phi_n \rangle} + \sum_{n=0}^{N} |\langle x, \phi_n \rangle|^2$$

$$= \|x\|^2 - \sum_{n=0}^{N} |\langle x, \phi_n \rangle|^2$$

となります。左辺は 0 以上ですから

$$\sum_{n=0}^{N} |\langle x, \phi_n \rangle|^2 \leq \|x\|^2$$

となります。これはベッセルの不等式の特別な場合（$N$ が有限の場合）です。$N$ はいくらでも大きく取れるので，ベッセルの不等式が成り立つのです。

　上記の結果は，幾何学的な意味を持っています。$\phi_n$ $(n = 0, 1, \cdots, N)$ の一次結合で表される関数全体を $\mathrm{Span}\{\phi_0, \cdots, \phi_N\}$ のように書き，$\phi_n$ $(n = 0, 1, \cdots, N)$ で張られる部分空間といいます。上記の計算結果は，$L^2$ ノルムで測ったときに，$x$ と $\mathrm{Span}\{\phi_0, \cdots, \phi_N\}$ の最短距離を与える関数（点）が，$\sum_{n=0}^{N} \langle x, \phi_n \rangle \phi_n$ であることを意味しています。実際，$x - \sum_{n=0}^{N} \langle x, \phi_n \rangle \phi_n$ は，$\mathrm{Span}\{\phi_0, \cdots, \phi_N\}$ のどの元とも直交しているため，$\sum_{n=0}^{N} \langle x, \phi_n \rangle \phi_n$ は $x$ から $\mathrm{Span}\{\phi_0, \cdots, \phi_N\}$ に下ろした垂線の足になっているのです（**図 3.2**）。これは，統計学などで多用される最小二乗法と同じです。

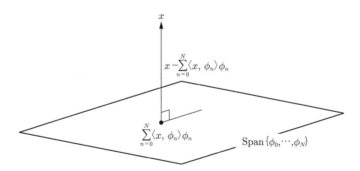

**図 3.2**　フーリエ級数部分和の幾何学的意味

　図は，少しも無限次元らしくないですが，数学者もこんな感じの絵を描いて状況を理解しています。無限次元が想像できなくても心配いりません。

　ここで求めたフーリエ級数展開に対して，パーセバルの等式（定理 3.4）を書き下してみま

しょう。周期 $T$ の関数 $x(t)$ のフーリエ級数展開を

$$x(t) \sim \frac{a_0}{2} + \sum_{n=1}^{\infty}(a_n \cos 2\pi f_0 nt + b_n \sin 2\pi f_0 nt)$$

とします。

$$x(t) \sim \sqrt{T}\frac{a_0}{2}\sqrt{\frac{1}{T}} + \sqrt{\frac{T}{2}}\sum_{n=1}^{\infty}\left(a_n\sqrt{\frac{2}{T}}\cos 2\pi f_0 nt + b_n\sqrt{\frac{2}{T}}\sin 2\pi f_0 nt\right) \tag{3.6}$$

と書けますので

$$\|x\|^2 = \left(\sqrt{T}\frac{a_0}{2}\right)^2 + \left(\sqrt{\frac{T}{2}}\right)^2\sum_{n=1}^{\infty}(a_n^2 + b_n^2)$$

となります。つまり

$$\|x\|^2 = \frac{Ta_0^2}{4} + \frac{T}{2}\sum_{n=1}^{\infty}(a_n^2 + b_n^2) \tag{3.7}$$

となります。特に, $T = 2\pi$ のときはつぎのようになっています。

$$\|x\|^2 = \frac{\pi a_0^2}{2} + \pi\sum_{n=1}^{\infty}(a_n^2 + b_n^2) \tag{3.8}$$

$x_1(t) = |t| \ (-\pi \leqq t < \pi)$, $x_1(t + 2\pi) = x_1(t)$ にパーセバルの等式（定理 3.4）を適用してみましょう。まず, $x_1$ の $L^2$ ノルム（の二乗）は

$$\|x_1\|^2 = \int_{-\pi}^{\pi} t^2 dt = \left[\frac{t^3}{3}\right]_{-\pi}^{\pi} = \frac{2}{3}\pi^3$$

となります。

$$a_0 = \pi, \quad a_n = -\frac{2\{1 - (-1)^n\}}{n^2\pi}, \quad b_n = 0 \ (n \geqq 1)$$

ですので, パーセバルの等式は

$$\frac{2}{3}\pi^3 = \frac{\pi^3}{2} + \pi\sum_{n=1}^{\infty}\left\{-\frac{2(1 - (-1)^n)}{n^2\pi}\right\}^2$$

となります。よってつぎのような公式も得られます。

$$\sum_{n=1}^{\infty}\frac{1}{(2n-1)^4} = \frac{\pi^4}{96} \tag{3.9}$$

この結果を少し変形すると, $s > 1$ に対して定義されるリーマン＝ゼータ関数[†]

$$\zeta(s) = \sum_{n=1}^{\infty}\frac{1}{n^s}$$

---

[†]　数学的には, $\mathrm{Re}(s) > 1$ で定義し, それを解析接続（複素関数論の概念です）したものをリーマン＝ゼータ関数と呼びますが, ここでは詳細は割愛します。

の $s=4$ における値が得られます（問題 3-24 参照）。リーマン＝ゼータ関数は素数の分布やそれに関係する数論（整数論）的情報を含んでいます。例えば，$s=2$ の場合は，暗号理論でしばしば利用される「2 以上 $N$ 以下の整数を二つ等確率で選んだときに，それらがたがいに素である確率が $N \to \infty$ で，$\dfrac{1}{\zeta(2)} = \dfrac{6}{\pi^2}$ に収束する」（$\zeta(2)$ の値については問題 2-14 参照）という性質と対応しています。このように，リーマン＝ゼータ関数は，数学的に深い意味を持ちますが，あまり興味のない人は，定理の理解を深めるのに役立つ練習問題だと思ってください。

## 3.6 その他の直交関数系

直交関数系はほかにもあります（というか無数にあります）。ここでは，ルジャンドル多項式を紹介しておきましょう。

$$P_n(t) = \frac{1}{2^n n!} \frac{d^n}{dt^n}\{(t^2-1)^n\} \quad (n=0,1,2,\cdots)$$

これは，ルジャンドル多項式と呼ばれ，$L^2(-1,1)$ における直交関数系になることが知られています。すなわち，つぎの公式が成り立ちます。

$$\int_{-1}^{1} P_m(t)P_n(t)dt = \begin{cases} 0 & (m \neq n) \\ \dfrac{2}{2n+1} & (m=n) \end{cases} \tag{3.10}$$

$n = 0,1,2$ の場合のルジャンドル多項式を計算してみましょう。つぎのようになります。$P_0(t) = 1$ であることはすぐにわかります。

$$P_1(t) = \frac{1}{2}\frac{d}{dt}(t^2-1) = \frac{1}{2} \cdot 2t = t$$
$$P_2(t) = \frac{1}{8}\frac{d^2}{dt^2}\{(t^2-1)^2\} = \frac{1}{8}\frac{d}{dt}\{4t(t^2-1)\} = \frac{1}{8}(12t^2-4) = \frac{3t^2-1}{2}$$

Python の sympy ライブラリにはルジャンドル多項式が用意されています。リスト **3.2** のようにすれば，$n=0 \sim 5$ までのルジャンドル多項式を列挙できます。

―― リスト **3.2** (LegendrePoly.py) ――

```
import sympy
t = sympy.Symbol('t')

for j in range(6):
    print(sympy.legendre(j,t))
```

ここで，5 行目の sympy.legendre の第一引数は，ルジャンドル多項式 $P_n(t)$ の $n$ に対応しています。実行すると，つぎのようになります。

```
1
t
3*t**2/2 - 1/2
5*t**3/2 - 3*t/2
```

```
35*t**4/8 - 15*t**2/4 + 3/8
63*t**5/8 - 35*t**3/4 + 15*t/8
```

　ルジャンドル多項式のグラフを描くには，**リスト 3.3** のように scipy ライブラリを利用すればよいのです。ルジャンドル多項式の各点での値を評価するには，6 行目の `eval_legendre` を使います。リスト 3.3 は，$n = 11$ のルジャンドル多項式のグラフを描くものです（**図 3.3**）。$n = 12$ としたものが**図 3.4** になります。

────────────── リスト **3.3**（EvalLegendre.py）──────────────

```
1  import matplotlib.pyplot as plt
2  import numpy as np
3  from scipy.special import eval_legendre
4
5  t = np.linspace(-1, 1, 256)
6  legen = eval_legendre(11, t)
7  plt.plot(t,legen)
8  plt.show()
```

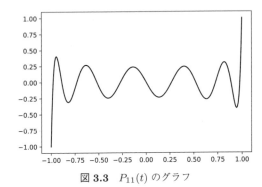

図 **3.3**　$P_{11}(t)$ のグラフ

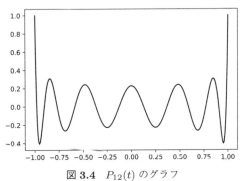

図 **3.4**　$P_{12}(t)$ のグラフ

────────── 章 末 問 題 ──────────

問題 3-22　（数学）　$L^2(-\pi, \pi)$ において，$x_1(t) = \sin t$ と $x_2(t) = \cos 2t$ の距離 $d(x_1, x_2)$ を求めてください。

問題 3-23　（**Python**）　SymPy を利用して，$L^2(-\pi, \pi)$ における $x_1(t) = \sin t$ と $x_2(t) = \cos^3 t$ の距離 $d(x_1, x_2)$ を求めてください。また，$\|x_2\|_{L^2}$ も求めてください。

問題 3-24　（数学）　式 (3.9) を用いて，無限級数 $\displaystyle\sum_{n=1}^{\infty} \frac{1}{n^4}$ の和を求めてください。

問題 3-25　（数学）　つぎの $-\pi \leqq t < \pi$ で定義されたそれぞれの関数に対し，$L^2$ 内積 $\langle x, y \rangle$ を求めてください。

(1)　$x(t) = t, \quad y(t) = 1 - t$ 　　　(2)　$x(t) = t, \quad y(t) = 1 - 2it$

(3)　$x(t) = e^{it}, \quad y(t) = e^{2it}$ 　　　(4)　$x(t) = t, \quad y(t) = e^{it}$

問題 3-26 （**数学**）　ルジャンドル多項式に対して，つぎのボネの漸化式 (3.11) が成り立つことが知られています。

$$(n+1)P_{n+1}(t) = (2n+1)tP_n(t) - nP_{n-1}(t) \quad (t \geqq 0) \tag{3.11}$$

$P_0(t) = 1$，$P_1(t) = t$ であることと式 (3.11) を用いて，$P_2(t)$，$P_3(t)$，$P_4(t)$ を求めてください。

問題 3-27 （**数学**）　$L^2(-1, 1)$ において，$x(t) = t^2 + t + 1$ と，$y(t) = t + a$ が直交するように実数の定数 $a$ の値を定めてください。

問題 3-28 （**数学**）　$L^2(0, \pi)$ において，$x(t) = \cos t$ と，$y(t) = \cos at$ が直交するように定数 $a$ の値を定めてください。

問題 3-29 （**数学**）（**Python**）　以下の問に答えてください。

(1)　$\cos n\theta = T_n(\cos\theta)$ $(n = 0, 1, \cdots)$ を満たす多項式が存在することが知られています。$T_n(t)$ を $n$ 次の**チェビシェフ多項式**（Chebyshev polynomial）といいます。$T_n(t)$ $(n = 0, 1, 2, 3)$ を求めてください。

(2)　$-1 \leqq t \leqq 1$ の範囲で $T_{11}(t)$ のグラフを描いてください。ただし，$t$ における $n$ 次のチェビシェフ多項式の値を求めるには，`eval_chebyc(n, t)` を使います。

(3)　チェビシェフ多項式は，つぎの意味で直交性を持つことを示してください。

$$\int_{-1}^{1} T_m(t)T_n(t)\frac{dt}{\sqrt{1-t^2}} = \begin{cases} \pi & (m = n = 0) \\ \pi/2 & (m = n \neq 0) \\ 0 & (m \neq n) \end{cases}$$

[ヒント]　$t = \cos\theta$ とおいてみてください。

# 4 ギブス現象と総和法

本章では，ギブス現象と，この厄介な現象をうまく回避する総和法について解説します。初読の際は飛ばしてもかまいませんが，全体が理解できたところで本章を読み直すと理解が深まると思います。例えば，ギブス現象について学んでおくことで，窓関数がなぜ必要になるのかなどを理解できるようになります。なお，記述の煩雑さを回避するため，ここではフーリエ展開する関数は周期 $2\pi$ に限ることにします。

## 4.1　Python でギブス現象を見てみよう

2.4 節で，周期 $T = 2\pi$ の不連続な関数

$$x(t) = \begin{cases} 1 & (0 \leq t < \pi) \\ -1 & (-\pi \leq t < 0) \end{cases}, \quad x(t + 2\pi) = x(t)$$

のフーリエ級数展開がつぎのようになることを見ました。

$$x(t) \sim \frac{4}{\pi} \sum_{n=1}^{\infty} \frac{\sin\{(2n-1)t\}}{2n-1}$$

ディリクレ＝ジョルダンの定理（定理 2.1）より，不連続点では，級数の値は $x(t)$ の右極限と左極限の算術平均になっているのでした。ここでは，フーリエ級数部分和

$$x_N(t) = \frac{4}{\pi} \sum_{n=1}^{N} \frac{\sin\{(2n-1)t\}}{2n-1}$$

を考えます。$N = 2, 5, 100$ のときの部分和 $x_2(t)$，$x_5(t)$，$x_{100}(t)$ と $x(t)$ のグラフを重ね描きしたものを，それぞれ図 **4.1**，図 **4.2**，図 **4.3** に示します。これらの図を描くには，リスト 2.3 を使いました（やってみてください）。

$N$ を大きくすれば，$x(t)$ のフラットな部分では，部分和は確かにうまく相殺してよい近似になっているようですが，不連続点の近くに波打ちが残っていることがわかります。これをリップル（ripple）といいます。$N$ を大きくするとリップルは細くなってほとんど「ひげ」のようなものになってしまいます。この「ひげ」は**オーバシュート**（overshoot）と呼ばれています。じつは，$N$ をいくら大きく取っても，$x_N(t)$ に，オーバシュートが残ることがわかっています。

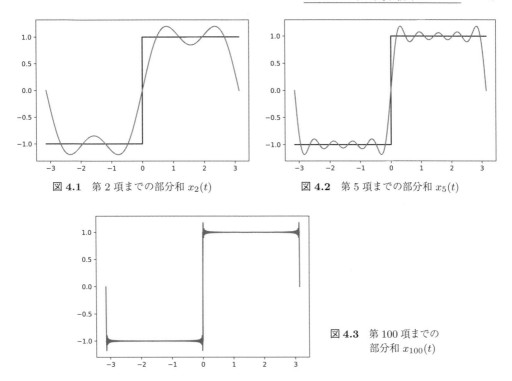

図 4.1　第 2 項までの部分和 $x_2(t)$

図 4.2　第 5 項までの部分和 $x_5(t)$

図 4.3　第 100 項までの
部分和 $x_{100}(t)$

このように不連続点の近くにオーバシュートが残る現象を**ギブス現象**（Gibbs phenomenon）といいます。

## 4.2　ひげが残り続けること

4.1 節の矩形波関数 $x(t)$ のフーリエ級数部分和を計算してみましょう[†]。計算には，$x_N(t)$ を微分すると

$$x_N'(t) = \frac{4}{\pi} \sum_{n=1}^{N} \cos\{(2n-1)t\} = \frac{4}{\pi} \mathrm{Re}\left( \sum_{n=1}^{N} e^{(2n-1)it} \right) \tag{4.1}$$

となることを利用します。式 (4.1) の右辺は，等比級数の和の公式

$$1 + r + r^2 + \cdots + r^m = \frac{r^{m+1} - 1}{r - 1} \quad (r \neq 1)$$

を用いれば，$t \neq k\pi$（$k$ は整数）のとき

$$\mathrm{Re}\left( \sum_{n=1}^{N} e^{(2n-1)it} \right) = \mathrm{Re}\left\{ \frac{e^{it}(e^{2iNt} - 1)}{e^{2it} - 1} \right\} = \mathrm{Re}\left( \frac{e^{2Nit} - 1}{2i \sin t} \right)$$

$$= \mathrm{Re}\left\{ \frac{\cos(2Nt) - 1 + i\sin(2Nt)}{2i \sin t} \right\} = \frac{\sin(2Nt)}{2 \sin t}$$

---

[†]　本節の議論は，Jerri[2]　を参考にしたものです。

となりますから

$$x'_N(t) = \frac{2}{\pi}\frac{\sin(2Nt)}{\sin t}$$

$x_N(0) = 0$ に注意して，この両辺を $0$ から $t$ まで積分すると

$$x_N(t) = \frac{2}{\pi}\int_0^t \frac{\sin(2Ny)}{\sin y}dy$$

となります。ひげの一番高いところ（絶対値が一番大きいところ）の値を知るには，$x'_N(t) = 0$ を満たす $t$ のうち，絶対値が一番小さいものがわかればよいことになります。つまり，$\sin(2Nt) = 0$ となる $t = \dfrac{\pi k}{2N}$ $(k = 0, \pm 1, \pm 2, \cdots)$ のうち，$t = \pm\dfrac{\pi}{2N}$ の場合です。対称性に注意すれば，$t = \dfrac{\pi}{2N}$ のときの値がわかればよいことがわかります。つまり，オーバシュートの値（高さ）は，つぎのように表すことができます。

$$\begin{aligned}x_N\left(\frac{\pi}{2N}\right) &= \frac{2}{\pi}\int_0^{\frac{\pi}{2N}} \frac{\sin(2Ny)}{\sin y}dy\\ &= \frac{2}{\pi}\int_0^{\frac{\pi}{2N}}\left(\frac{1}{\sin y} - \frac{1}{y}\right)\sin(2Ny)dy + \frac{2}{\pi}\int_0^{\frac{\pi}{2N}}\frac{\sin(2Ny)}{y}dy\\ &= I_1(N) + I_2(N)\end{aligned}$$

まず，第 1 項 $I_1(N)$ を調べましょう。テイラー展開により，$\sin y - y = -\dfrac{1}{3!}y^3 + \dfrac{1}{5!}y^5 + \cdots$ ですから，定数 $C_1 > 0$ が存在して，$|\sin y - y| \leqq C_1|y|^3$ となります。また，定数 $C_2 > 0$ が存在して，$|\sin y| \geqq C_2|y|$ が成り立ちますから（問題 4-32，問題 4-33 参照），これら二つの不等式を合わせて，つぎの評価を得ます。

$$\left|\frac{1}{\sin y} - \frac{1}{y}\right| = \left|\frac{\sin y - y}{y\sin y}\right| \leqq \frac{C_1}{C_2}|y| = K|y|$$

さらに，この不等式に $|\sin(2Ny)| \leqq 1$ を合わせることにより

$$|I_1(N)| \leqq \frac{2K}{\pi}\int_0^{\frac{\pi}{2N}} ydy = \frac{2K}{\pi}\frac{1}{2}\left(\frac{\pi}{2N}\right)^2 \to 0 \quad (N \to \infty)$$

となって消えてなくなってしまいます。一方，第 2 項は $x = 2Ny$ と変数変換することにより

$$I_2(N) = \frac{2}{\pi}\int_0^\pi \frac{\sin x}{x}dx \approx 1.1789\cdots$$

となります（$N$ によらない定数）。つまり，1 と比較して約 18% 大きい（もちろん負のときは 18% 小さい）値になるということです。不連続点における跳び（右極限と左極限の差（いまの例だと 2））の約 9% だけ大きくなると言い換えてもよいでしょう。これがオーバシュートの正体です。一般に，オーバシュートの大きさは不連続点における跳び（右極限と左極限の差の絶対値）に比例します。つぎの結果が知られています（詳細は，例えば Walker[3] 参照）。

**定理 4.1** $x$ を区分的に連続な周期 $2\pi$ の周期関数とする。不連続点 $t_0$ において，$x(t)$ のフーリエ級数部分和 $x_N(t)$ のオーバシュートは，$N \to \infty$ において

$$\left(\frac{1}{\pi}\int_0^\pi \frac{\sin x}{x}dx - \frac{1}{2}\right)|x(t_0+0) - x(t_0-0)|$$

に収束する。

定理 4.1 を言い換えれば，フーリエ級数部分和は，不連続点で，跳びの

$$\frac{1}{\pi}\int_0^\pi \frac{\sin x}{x}dx - \frac{1}{2} \approx 0.089489\cdots$$

倍（約9%）だけオーバシュートするということです。先ほど証明したのは，矩形波関数という特別な場合でしたが，一般的に成り立つということです。

ギブス現象は，9章の窓関数を理解する上で重要になります。

## 4.3　チェザロ総和法

ギブス現象を回避する方法の一つに**チェザロ総和法**（Cesàro summation）があります。考え方はシンプルで，部分和を $s_n$ $(n=1,2,\cdots)$ とし，その算術平均

$$S_n = \frac{s_1 + s_2 + \cdots + s_n}{n}$$

を考えればよい，というものです。$s_n \to s\ (n \to \infty)$ であれば $S_n \to s\ (n \to \infty)$ ですが，$s_n$ が収束しない場合でも $S_n$ が収束する場合があります。$x(t)$ のフーリエ級数部分和 $x_N(t)$ にフーリエ係数を代入してみると，つぎのように書き直すことができます。

$$\begin{aligned}
x_N(t) &= \frac{a_0}{2} + \sum_{n=1}^{N-1}(a_n\cos nt + b_n\sin nt)\\
&= \frac{1}{2\pi}\int_{-\pi}^\pi x(s)ds + \frac{1}{\pi}\sum_{n=1}^{N-1}\int_{-\pi}^\pi x(s)(\cos ns\cos nt + \sin ns\sin nt)ds\\
&= \frac{1}{2\pi}\int_{-\pi}^\pi x(s)ds + \frac{1}{\pi}\sum_{n=1}^{N-1}\int_{-\pi}^\pi x(s)\cos\{n(s-t)\}ds\\
&= \frac{1}{\pi}\int_{-\pi}^\pi x(s)\left\{\frac{1}{2} + \sum_{n=1}^{N-1}\cos(n(s-t))\right\}ds\\
&= \frac{1}{\pi}\int_{-\pi}^\pi x(s)\left(\frac{1}{2} + \mathrm{Re}\sum_{n=1}^{N-1}e^{in(s-t)}\right)ds\\
&= \frac{1}{\pi}\int_{-\pi}^\pi x(s)\left\{\frac{1}{2} + \mathrm{Re}\left(e^{i(s-t)}\frac{e^{iN(s-t)}-1}{e^{i(s-t)}-1}\right)\right\}ds
\end{aligned}$$

$$= \frac{1}{\pi} \int_{-\pi}^{\pi} x(s) \left\{ \frac{1}{2} + \mathrm{Re} \left( \frac{e^{i(N-1)(s-t) + \frac{i(s-t)}{2}} - e^{\frac{i(s-t)}{2}}}{e^{\frac{i(s-t)}{2}} - e^{-\frac{i(s-t)}{2}}} \right) \right\} ds$$

$$= \frac{1}{\pi} \int_{-\pi}^{\pi} x(s) \left\{ \frac{1}{2} + \mathrm{Re} \left( \frac{e^{i(N-1)(s-t) + \frac{i(s-t)}{2}} - e^{\frac{i(s-t)}{2}}}{2i \sin \frac{s-t}{2}} \right) \right\} ds$$

$$= \frac{1}{\pi} \int_{-\pi}^{\pi} x(s) \frac{\sin \left\{ \left( N - \frac{1}{2} \right)(s-t) \right\}}{2 \sin \frac{s-t}{2}} ds$$

$$= \frac{1}{2\pi} \int_{-\pi}^{\pi} x(s+t) \frac{\sin \left( N - \frac{1}{2} \right) s}{\sin \frac{s}{2}} ds$$

最後の等式を導く際に，$s-t$ を改めて $s$ とおき，$x$ と $\cos$ の周期性を使いました．さらに，等式

$$\frac{\cos(k-1)t - \cos kt}{1 - \cos t} = \frac{2 \sin \frac{t}{2} \sin \left( k - \frac{1}{2} \right) t}{2 \sin^2 \frac{t}{2}} = \frac{\sin \left( k - \frac{1}{2} \right) t}{\sin \frac{t}{2}}$$

を利用すると

$$x_k(t) = \frac{1}{2\pi} \int_{-\pi}^{\pi} x(s+t) \frac{\sin \left( k - \frac{1}{2} \right) s}{\sin \frac{s}{2}} ds$$

$$= \frac{1}{2\pi} \int_{-\pi}^{\pi} x(s+t) \frac{\cos(k-1)s - \cos ks}{1 - \cos s} ds$$

が得られます．これにより，算術平均 $\tilde{x}_N(t) = \dfrac{x_1(t) + \cdots + x_N(t)}{N}$ は，つぎのようになります．

$$\tilde{x}_N(t) = \frac{1}{2\pi N} \int_{-\pi}^{\pi} x(s+t) \sum_{k=1}^{N} \frac{\cos(k-1)s - \cos ks}{1 - \cos s} ds$$

$$= \frac{1}{2\pi N} \int_{-\pi}^{\pi} x(s+t) \frac{1 - \cos Ns}{1 - \cos s} ds = \frac{1}{2\pi N} \int_{-\pi}^{\pi} x(s+t) \frac{2 \sin^2 \frac{Ns}{2}}{2 \sin^2 \frac{s}{2}} ds$$

$$= \frac{1}{2\pi N} \int_{-\pi}^{\pi} x(s+t) \left( \frac{\sin \frac{Ns}{2}}{\sin \frac{s}{2}} \right)^2 ds$$

$x(t) = 1$（定数関数を周期 $2\pi$ の周期関数とみなしたもの）のフーリエ係数は，$a_0 = 2$ でその他の $a_n$, $b_n$ はすべて 0 ですから，$x_N(t) = 1$，$\tilde{x}_N(t) = 1$ となり

$$1 = \frac{1}{2\pi N} \int_{-\pi}^{\pi} \left( \frac{\sin \frac{Ns}{2}}{\sin \frac{s}{2}} \right)^2 ds \tag{4.2}$$

が得られます。式 (4.2) の両辺に $x(t)$ を掛けると

$$x(t) = \frac{1}{2\pi N}\int_{-\pi}^{\pi} x(t)\left(\frac{\sin\frac{Ns}{2}}{\sin\frac{s}{2}}\right)^2 ds$$

となります。これらから

$$\tilde{x}_N(t) - x(t) = \frac{1}{2\pi N}\int_{-\pi}^{\pi}\{x(t+s)-x(t)\}\left(\frac{\sin\frac{Ns}{2}}{\sin\frac{s}{2}}\right)^2 ds \tag{4.3}$$

$x(t)$ が $[-\pi,\pi]$ で連続であれば一様連続ですから，任意の $\epsilon>0$ に対し，$t$ と無関係に，$|s|<\delta$ のとき，$|x(t+s)-x(t)|<\epsilon/2$ となるような $\delta>0$ が取れます。$\epsilon$ を十分小さく取って，このように定めたところで，式 (4.3) の右辺の積分を以下のように三つに分割します。

$$\int_{-\pi}^{\pi} = \int_{-\pi}^{-\delta} + \int_{-\delta}^{\delta} + \int_{\delta}^{\pi} = \mathrm{I} + \mathrm{II} + \mathrm{III}$$

積分 II は，式 (4.2) より，つぎのように評価できます。

$$|\mathrm{II}| = \frac{1}{2\pi N}\left|\int_{-\delta}^{\delta}\{x(t+s)-x(t)\}\left(\frac{\sin\frac{Ns}{2}}{\sin\frac{s}{2}}\right)^2 ds\right|$$

$$\leqq \frac{1}{2\pi N}\int_{-\delta}^{\delta}|x(t+s)-x(t)|\left(\frac{\sin\frac{Ns}{2}}{\sin\frac{s}{2}}\right)^2 ds$$

$$< \frac{\epsilon}{4\pi N}\int_{-\delta}^{\delta}\left(\frac{\sin\frac{Ns}{2}}{\sin\frac{s}{2}}\right)^2 ds \leqq \frac{\epsilon}{4\pi N}\int_{-\pi}^{\pi}\left(\frac{\sin\frac{Ns}{2}}{\sin\frac{s}{2}}\right)^2 ds = \frac{\epsilon}{2}$$

$x(t)$ の $[-\pi,\pi]$ における最大値を $M$ とすると

$$|\mathrm{I}+\mathrm{III}| \leqq \frac{2M}{2\pi N}\left\{\int_{-\pi}^{-\delta}\left(\frac{\sin\frac{Ns}{2}}{\sin\frac{s}{2}}\right)^2 ds + \int_{\delta}^{\pi}\left(\frac{\sin\frac{Ns}{2}}{\sin\frac{s}{2}}\right)^2 ds\right\}$$

$$\leqq \frac{2M}{2\pi N}\left\{\int_{-\pi}^{-\delta}\left(\frac{1}{\sin\frac{s}{2}}\right)^2 ds + \int_{\delta}^{\pi}\left(\frac{1}{\sin\frac{s}{2}}\right)^2 ds\right\}$$

$$\leqq \frac{2M}{2\pi N}\left\{\int_{-\pi}^{-\delta}\left(\frac{1}{\sin\frac{\delta}{2}}\right)^2 ds + \int_{\delta}^{\pi}\left(\frac{1}{\sin\frac{\delta}{2}}\right)^2 ds\right\}$$

$$= \frac{2M}{2\pi N}\left(\int_{-\pi}^{-\delta} ds + \int_{\delta}^{\pi} ds\right)\frac{1}{\sin^2\frac{\delta}{2}} \leqq \frac{2M}{2\pi N}\frac{2\pi}{\sin^2\frac{\delta}{2}} = \frac{2M}{N\sin^2\frac{\delta}{2}}$$

となります。以上より，式 (4.3) から

$$|\tilde{x}_N(t) - x(t)| < \frac{\epsilon}{2} + \frac{2M}{N \sin^2 \dfrac{\delta}{2}}$$

が導かれます。$N$ を十分大きく取ることにより，右辺第 2 項 $< \dfrac{\epsilon}{2}$ ということになります。
　以上を一般化すると，つぎの定理が得られます。

---

**定理 4.2（フェイエールの定理）**　　$x(t)$ が，$[-T/2, T/2]$ 上の連続関数で，$x(-T/2) = x(T/2)$ であれば，$t$ に関して一様につぎのようになる。

$$\tilde{x}_N(t) \to x(t) \quad (N \to \infty)$$

---

補足 **4.1**　　フェイエール核

定理 4.2 の証明中に登場したつぎの関数を**フェイエール核**（Fejér kernel）といいます。

$$F_N(t) = \frac{1}{2\pi N} \left( \frac{\sin \dfrac{Nt}{2}}{\sin \dfrac{t}{2}} \right)^2$$

---

—————— 章 末 問 題 ——————

問題 4-30 （数学）（**Python**）　$x(t) = t\ (-\pi \leqq t < \pi)$, $x(t + 2\pi) = x(t)$ についてつぎの問に答えてください。

(1)　$x(t)$ をフーリエ展開してください。

(2)　フーリエ展開の最初の $N$ 項からなるフーリエ級数部分和を $x_N(t)$ とします。Python を使って $N = 2, 5, 100$ のときの部分和 $x_2(t)$, $x_5(t)$, $x_{100}(t)$ と $x(t)$ のグラフを重ね描きしてください。

問題 4-31 （**Python**）　問題 2-17 の $x(t)$ は，$a$ が整数ではないので不連続点を持ちます。$x(t)$ のグラフとこの $x(t)$ のフーリエ級数部分和

$$x_N(t) = \frac{2}{\pi} \sum_{n=1}^{N} \frac{n(-1)^{n-1} \sin \pi a}{n^2 - a^2} \sin nt$$

のグラフを重ね描きして，オーバシュートの大きさと，不連続点における「跳び」（右極限と左極限の差）が比例関係にあることを確認してください。定理 4.1 を使って，オーバシュートの大きさを見積もってください。

問題 4-32 (**数学**)  $x$ を，実数 $t_0$ の近くで定義された $n$ 回微分可能な実数値関数とします。このとき，$|t - t_0|$ が十分小さければ，$t \neq t_0$ に対して，$t_0$ と $t$ の間にある値 $\theta$ に対して

$$x(t) = \sum_{k=0}^{n-1} \frac{x^{(k)}(t_0)}{k!}(t - t_0)^k + \frac{x^{(n)}(\theta)}{n!}(t - t_0)^n$$

となるものが存在します。最後の項は誤差項と呼ばれており，この定理は，（剰余項型の）テイラーの定理と呼ばれています。この定理を用いて，$t$ が十分小さいとき，$|\sin t - t| \leq C|t|^3$ となる $t$ によらない定数 $C > 0$ が存在することを示してください。

問題 4-33 (**数学**)  $|t| \leq \dfrac{\pi}{2}$ のとき，つぎの不等式が成り立つことを示してください。

$$\frac{2}{\pi}|t| \leq |\sin t|$$

# 5 複素フーリエ級数

これまで実数の範囲でフーリエ展開を考えてきましたが，cos, sin で分けて扱う必要がありました。複素数を使うと，両者をまとめて扱うことができて利便性が向上するだけでなく，次章以降で扱うフーリエ変換が，複素フーリエ級数を連続化したものと考えることができて好都合です。本章では，複素フーリエ級数について説明します。

## 5.1 実フーリエ級数を見直す

オイラーの公式

$$e^{i\theta} = \cos\theta + i\sin\theta$$

を思い出しましょう。この公式から

$$\cos\theta = \frac{e^{i\theta} + e^{-i\theta}}{2}, \quad \sin\theta = \frac{e^{i\theta} - e^{-i\theta}}{2i}$$

となることが簡単にわかります。これらを使ってフーリエ級数を複素表示してみましょう。基本周波数を $f_0 = 1/T$（$T$ は周期）とすると

$$
\begin{aligned}
x(t) &\sim \frac{a_0}{2} + \sum_{n=1}^{\infty} \left( a_n \cos 2\pi f_0 nt + b_n \sin 2\pi f_0 nt \right) \\
&= \frac{a_0}{2} + \sum_{n=1}^{\infty} \left( a_n \frac{e^{2\pi i f_0 nt} + e^{-2\pi i f_0 nt}}{2} + b_n \frac{e^{2\pi i f_0 nt} - e^{-2\pi i f_0 nt}}{2i} \right) \\
&= \frac{a_0}{2} + \sum_{n=1}^{\infty} \left( a_n \frac{e^{2\pi i f_0 nt} + e^{-2\pi i f_0 nt}}{2} + b_n \frac{-ie^{2\pi i f_0 nt} + ie^{-2\pi i f_0 nt}}{2} \right) \\
&= \frac{a_0}{2} + \sum_{n=1}^{\infty} \left( \frac{a_n - ib_n}{2} e^{2\pi i f_0 nt} + \frac{a_n + ib_n}{2} e^{-2\pi i f_0 nt} \right) = \sum_{n=-\infty}^{\infty} c_n e^{2\pi i f_0 nt}
\end{aligned}
$$

と書けます。これを複素フーリエ級数といいます。ここで

$$c_0 = \frac{a_0}{2}, \quad c_n = \frac{a_n - ib_n}{2}, \quad c_{-n} = \overline{c_n} = \frac{a_n + ib_n}{2}$$

とおきました。なお，フーリエ係数を積分の形で表すとつぎのようになります。

$$c_n = \frac{a_n - ib_n}{2} = \frac{1}{T} \int_{-T/2}^{T/2} x(t) e^{-2\pi i f_0 nt} dt$$

大変シンプルです。むしろこちらが本来の姿ではないかという気がするのではないでしょうか。

関数の直交関係も複素フーリエ級数で見たほうがずっとすっきりと理解できます。内積を

$$\langle \phi, \psi \rangle = \frac{1}{T} \int_{-T/2}^{T/2} \phi(t) \overline{\psi(t)} dt$$

としましょう。$\phi_n(t) = e^{2\pi i f_0 n t}$ とおくと，$\{\phi_n\}$ は正規直交系になっています。実際

$$\|\phi_n\|^2 = \frac{1}{T} \int_{-T/2}^{T/2} e^{2\pi i f_0 n t} \overline{e^{2\pi i f_0 n t}} dt = \frac{1}{T} \int_{-T/2}^{T/2} dt = 1$$

となるのでおのおのの $L^2$ ノルムは 1 であり，$m \neq n$ に対しては

$$\begin{aligned}
\langle \phi_m, \phi_n \rangle &= \frac{1}{T} \int_{-T/2}^{T/2} e^{2\pi i f_0 m t} e^{-2\pi i f_0 n t} dt = \frac{1}{T} \int_{-T/2}^{T/2} e^{2\pi i f_0 (m-n) t} dt \\
&= \left[ \frac{e^{2\pi i f_0 (m-n) t}}{2\pi i f_0 (m-n)} \right]_{-T/2}^{T/2} = \frac{e^{(m-n)\pi i} - e^{-(m-n)\pi i}}{2\pi i f_0 (m-n)} \\
&= \frac{\sin(m-n)\pi}{\pi f_0 (m-n)} = 0
\end{aligned}$$

となることがわかります。$c_n$ は複素フーリエ係数と呼ばれます。具体的には

$$c_n = \langle x, \phi_n \rangle = \frac{1}{T} \int_{-T/2}^{T/2} x(t) e^{-2\pi i f_0 n t} dt$$

と表すことができます。指数部分が $2\pi i f_0 n t$ ではなく，$-2\pi i f_0 n t$ になっていることに注意しましょう。

$$a_0 = 2c_0, \quad a_n = 2\mathrm{Re}(c_n) \quad (n \neq 0), \quad b_n = -2\mathrm{Im}(c_n)$$

とすれば，実フーリエ係数が得られます。

パーセバルの等式は

$$\|x\|^2 = \sum_{n=-\infty}^{\infty} |\langle x, \phi_n \rangle|^2 = \sum_{n=-\infty}^{\infty} |c_n|^2$$

すなわち，つぎのようになり，非常にシンプルなものになります。

**定理 5.1**（パーセバルの等式（複素フーリエ級数版））

$$\frac{1}{T} \int_{-T/2}^{T/2} |x(t)|^2 dt = \sum_{n=-\infty}^{\infty} |c_n|^2$$

## 5.2 実例を見てみよう

2.3 節で考えた $x_1(t) = |t|$ $(-\pi < t \leqq \pi)$, $x(t + 2\pi) = x(t)$ という周期 $T = 2\pi$ の関数を考えましょう。複素フーリエ係数は，$n \geqq 1$ のとき

$$c_n = \frac{1}{2\pi} \int_{-\pi}^{\pi} |t| e^{-int} dt = \frac{1}{2\pi} \int_{-\pi}^{\pi} |t| (\cos nt - i \sin nt) dt = \frac{1}{\pi} \int_0^{\pi} t \cos nt \, dt$$

$$= \frac{1}{\pi} \left[ t \frac{\sin nt}{n} \right]_0^{\pi} - \frac{1}{\pi} \int_0^{\pi} \frac{\sin nt}{n} dt = -\frac{1}{\pi} \left[ -\frac{\cos nt}{n^2} \right]_0^{\pi} = -\frac{1 - (-1)^n}{\pi n^2}$$

となります。$n = 0$ のときは

$$c_0 = \frac{1}{2\pi} \int_{-\pi}^{\pi} |t| dt = \frac{1}{\pi} \int_0^{\pi} t \, dt = \frac{1}{\pi} \left[ \frac{t^2}{2} \right]_0^{\pi} = \frac{\pi}{2}$$

となるので，$x_1(t)$ はつぎのように展開できます。

$$x_1(t) \sim \frac{\pi}{2} - \sum_{n=-\infty, n \neq 0}^{\infty} \frac{1 - (-1)^n}{\pi n^2} e^{in\pi t}$$

となります。対応する実フーリエ係数は，以下のようになります。

$$a_0 = \frac{\pi}{2}$$

$$a_n = 2\mathrm{Re} \left\{ \frac{1 - (-1)^n}{\pi n^2} \right\} = \frac{2\{1 - (-1)^n\}}{\pi n^2} \quad (n \geqq 1)$$

$$b_n = -2\mathrm{Im} \left\{ \frac{1 - (-1)^n}{\pi n^2} \right\} = 0 \quad (n \geqq 1)$$

ここで，$b_n = 0$ $(n \geqq 1)$ は $x(t)$ が偶関数であることに対応しています。

　もう一つ例を見てみます。$a \neq 0$ を実数定数として，周期 $T = 2\pi$ の周期関数

$$x_2(t) = e^{at} \quad (-\pi \leqq t < \pi), \quad x_2(t + 2\pi) = x_2(t)$$

の複素フーリエ級数展開を求めてみましょう。

$$c_n = \frac{1}{2\pi} \int_{-\pi}^{\pi} e^{at} e^{-int} dt = \frac{1}{2\pi} \int_{-\pi}^{\pi} e^{(a-in)t} dt = \frac{1}{2\pi} \left[ \frac{1}{a - in} e^{(a-in)t} \right]_{-\pi}^{\pi}$$

$$= \frac{1}{2\pi} \frac{1}{a - in} (e^{(a-in)\pi} - e^{-(a-in)\pi}) = \frac{1}{2\pi} \frac{(-1)^n}{a - in} (e^{a\pi} - e^{-a\pi})$$

$$= \frac{\sinh(a\pi)}{\pi} \frac{(-1)^n}{a - in} = \frac{\sinh(a\pi)}{\pi} \frac{(-1)^n}{a^2 + n^2} (a + in)$$

この例ではつぎのようになっています。

$$a_0 = 2c_0 = \frac{2\sinh(a\pi)}{a\pi}, \quad a_n = 2\mathrm{Re}(c_n) = \frac{2\sinh(a\pi)}{\pi} \frac{a(-1)^n}{a^2 + n^2}$$

$$b_n = -2\mathrm{Im}(c_n) = -\frac{2\sinh(a\pi)}{\pi} \frac{n(-1)^n}{a^2 + n^2}$$

## 5.3　振幅スペクトル・パワースペクトル・位相スペクトル

$c_n$ は複素数なので，極形式にして

$$c_n = |c_n|e^{i\theta_n}$$

と表すことができます。$|c_n|$ は $n$ 次の高調波の大きさを表しており，これを**振幅スペクトル**（amplitude spectrum）といいます。つまり

$$|c_n| = \frac{|a_n - ib_n|}{2} = \frac{\sqrt{a_n^2 + b_n^2}}{2}$$

を振幅スペクトルといいます。$\theta_n$ は，$c_n$ の偏角であり，これを**位相スペクトル**（phase spectrum）といいます。一般には信号に含まれる高調波の強さに興味があることが多く，振幅スペクトルを調べることになります。$|c_n|^2$ は，**パワースペクトル**（power spectrum）または**エネルギースペクトル**（energy spectrum）と呼ばれます。振幅スペクトルを二乗しただけですが，物理的な意味があります。パワーとはエネルギーのことで，電気工学においては，電力（power）を表しています。パワースペクトルについては 6 章で再び取り上げますので，ここではこれ以上深入りしないでおきましょう。

――― **補足 5.1**　　振幅の二乗がエネルギーなのはなぜ？ ―――

　振幅の二乗がエネルギーというのはやや唐突なので，少し物理的背景を補足しておきましょう。ばね（ばね定数 $k > 0$）の運動方程式は摩擦を無視すると，変位を $x$ としたとき

$$m\frac{d^2x}{dt^2} = -kx$$

と書くことができます。ここで，$m$ はばねに取りつけられたおもりの質量です。これを解けば

$$x(t) = A\sin(\omega t + \phi)$$

となります。ここで $A$ は振幅，$\omega = \sqrt{k/m}$ は角周波数，$\phi$ は適当な定数です。速度は

$$v(t) = x'(t) = A\omega\cos(\omega t + \phi)$$

となるので，運動エネルギーは

$$E_{\text{kinetic}} = \frac{1}{2}mv^2 = \frac{m}{2}A^2\omega^2\cos^2(\omega t + \phi)$$

となります。ばねの弾性エネルギーは，$E_{\text{elastic}} = \frac{1}{2}kx^2$ ですから，力学的エネルギー $E = E_{\text{kinetic}} + E_{\text{elastic}}$ はつぎのようになり，振幅の二乗に比例していることがわかります。

$$E = \frac{m}{2}A^2\omega^2\cos^2(\omega t + \phi) + \frac{1}{2}kA^2\sin^2(\omega t + \psi)$$
$$= \frac{m}{2}A^2\frac{k}{m}\cos^2(\omega t + \phi) + \frac{1}{2}kA^2\sin^2(\omega t + \phi)$$
$$= \frac{1}{2}kA^2\left\{\cos^2(\omega t + \phi) + \sin^2(\omega t + \phi)\right\} = \frac{1}{2}kA^2$$

先の例だと，振幅スペクトルは

$$|c_n| = \frac{|\sinh(a\pi)|}{\pi}\frac{1}{a^2 + n^2}|a + in| = \frac{|\sinh(a\pi)|}{\pi\sqrt{a^2 + n^2}}$$

となります。位相スペクトルは

$$\theta_n = \arg(a + in) = \tan^{-1}\frac{n}{a}$$

となりますが，tan は周期 $\pi$ の関数ですので，位相スペクトルには，$\pi$ の整数倍の不定性があります。つぎに

$$x_3(t) = \sin t + 2\cos 3t + 3\sin 3t$$

という信号を考えましょう。オイラーの公式を使えば，つぎのように表現できます。

$$x_3(t) = \frac{e^{it} - e^{-it}}{2i} + 2\frac{e^{3it} + e^{-3it}}{2} + 3\frac{e^{3it} - e^{-3it}}{2i}$$
$$= -\frac{i}{2}e^{it} + \frac{i}{2}e^{-it} + \left(1 - \frac{3}{2}i\right)e^{3it} + \left(1 + \frac{3}{2}i\right)e^{-3it}$$

これは，$x_3(t)$ の複素フーリエ展開であり，フーリエ係数が

$$c_1 = -\frac{i}{2}, \quad c_{-1} = \frac{i}{2}$$
$$c_3 = 1 - \frac{3}{2}i, \quad c_{-3} = 1 + \frac{3}{2}i$$

であることがわかります。もちろん，$c_n = 0(n \neq \pm 1, \pm 3)$ です。$c_{-1} = \overline{c_1}$，$c_{-3} = \overline{c_3}$ となっていることも確かめられます。このとき，振幅スペクトルは

$$|c_1| = |c_{-1}| = \frac{1}{2}, \quad |c_3| = |c_{-3}| = \sqrt{1 + \frac{9}{4}} = \frac{\sqrt{13}}{2}$$

となり，位相スペクトルは

$$\theta_{\pm 1} = \mp\frac{\pi}{2}, \theta_{\pm 3} = \mp\tan^{-1}\frac{3}{2} = \mp 0.9827937\cdots$$

となります。$c_n = 0$ のときは，位相スペクトル $\theta_n = \arg c_n$ は不定です。$c_n = 0$ なら，その周波数の波は現れないわけですから，不定でも不都合は生じません。

　上の例は明らかすぎるかもしれないので，もう少し凝った例を示しておきます。

$$x_4(t) = \cos t \cos mt$$

ここで，$m \neq 1$ とします。$x_4(t)$ のグラフを描くには，**リスト 5.1** のようにします。$m = 50$ の場合のグラフは，**図 5.1** のようになります。

――――――――――――― リスト **5.1**（beat.py）―――――――――――――

```
1  import numpy as np
2  import matplotlib.pyplot as plt
3
4  m = 50
5  PI = np.pi
6  t = np.linspace(-PI, PI, 10000)
7  x = np.cos(t)*np.cos(m*t)
8  plt.plot(t, x)
9  plt.show()
```

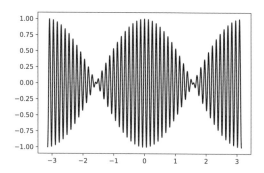

図 **5.1**　$x_4(t)$ のグラフ

三角関数の積を和に直す公式を使えば

$$\cos t \cos mt = \frac{1}{2}\cos(m+1)t + \frac{1}{2}\cos(m-1)t$$

と書くことができますので

$$x_4(t) = \frac{1}{4}\{e^{i(m+1)t} + e^{-i(m+1)t}\} + \frac{1}{4}\{e^{i(m-1)t} + e^{-i(m-1)t}\}$$

となります。つまり，フーリエ係数はつぎのようになり，ほかは 0 になります。

$$c_{m+1} = c_{-(m+1)} = c_{m-1} = c_{-(m-1)} = \frac{1}{4}$$

これらは正の実数ですから，振幅スペクトルも同じ値で，位相スペクトルは 0 になります。

## 5.4　関数の滑らかさと複素フーリエ係数の関係

　ここでは，滑らかな関数は，そのフーリエ展開の最初のほうの項だけでよく近似できるということを説明します。周期 $T$ の周期関数 $x(t)$ が

$$x(t) = \sum_{n=-\infty}^{\infty} c_n e^{2\pi i f_0 nt}$$

という複素フーリエ展開を持つものとしましょう。

形式的に（収束すると仮定して）項別微分すると

$$x'(t) = \sum_{n=-\infty}^{\infty} 2\pi i f_0 n c_n e^{2\pi i f_0 nt}$$

となりますので, $x'(t)$ の複素フーリエ係数は, $2\pi i f_0 n c_n (n = 0, \pm 1, \cdots)$ となるはずです。同様に, $k$ 回微分した $x^{(k)}(t)$ のフーリエ係数は, $(2\pi i f_0 n)^k c_n (n = 0, \pm 1, \cdots)$ となります（もちろん, 微分可能だとすればですが）。

周期 $T$ の周期関数 $x(t)$ が $k$ 回連続的微分可能であれば, $x^{(k)}(t)$ は有界ですので

$$|(2\pi i f_0 n)^k c_n| \leq \sup_t |x^{(k)}(t)|$$

が成り立ちます。よって, $n \neq 0$ に対して

$$|c_n| \leq |2\pi f_0 n|^{-k} \sup_t |x^{(m)}(t)|$$

となります。これは, 滑らかであればあるほど, つまり, $k$ が大きければ大きいほど, $n$ に対して複素フーリエ係数が速く減衰することを示しています。

$x(t) = |t| \ (-\pi \leq t < \pi), \ x(t + 2\pi) = x(t)$ の複素フーリエ係数は

$$c_n = -\frac{1 - (-1)^n}{\pi n^2}$$

でした。$x(t)$ は連続ではありますが, 原点で微分できない関数です。

無限回微分できる関数だとどうでしょうか。いささか人工的ですが

$$x_5(t) = \mathrm{Re}(e^{e^{it}}) = e^{\cos t} \cos(\sin t)$$

という関数を考えてみましょう。$x_5(t)$ は, 明らかに無限回微分可能な関数です。グラフは, 図 **5.2** のようになります（問題 5-36 参照）。

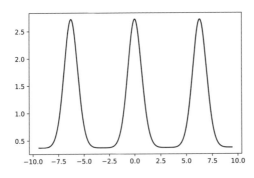

図 **5.2** $x_5(t)$ のグラフ

この複素フーリエ展開は，$e^z$ のマクローリン展開より

$$x_5(t) = \sum_{n=-\infty}^{\infty} \frac{1}{2|n|!} e^{int} + \frac{1}{2}$$

となることがわかります。つまり

$$c_n = \frac{1}{2|n|!} \quad (n \neq 0), \quad c_0 = 1$$

となっています。階乗はスターリングの公式を使うとどの程度のスピードで増えるかわかります。ついでといっては何ですが，ここで述べておきましょう。スターリングの公式とは

$$n! \sim \sqrt{2\pi} n^{n+1/2} e^{-n} \quad (n \to \infty)$$

のことです。ここで，$\alpha_n \sim \beta_n \ (n \to \infty)$ とは，$\lim_{n\to\infty} \alpha_n/\beta_n = 1$ を意味します。$c_n$ の減衰の様子を見てみましょう。対称性がありますから，$n \geq 1$ の場合だけ考えればよいです。

$$|(in)^k c_n| = \frac{n^k}{2n!} \sim \frac{n^k}{2\sqrt{2\pi} n^{n+1/2} e^{-n}} = \frac{n^k e^n}{2\sqrt{2\pi} n^{n+1/2}}$$
$$= \frac{1}{2\sqrt{2\pi}} \frac{n^k}{n^{n/3}} \left(\frac{e}{n^{1/3}}\right)^n \frac{1}{n^{n/3+1/2}}$$

右辺第 1 項 $\frac{n^k}{n^{n/3}} = \frac{1}{n^{n/3-k}}$，第 2 項 $\left(\frac{e}{n^{1/3}}\right)^n$，第 3 項 $\frac{1}{n^{n/3+1/2}}$ は，$n \to \infty$ で 0 に収束します。$k$ はいくらでも大きく取れます。$x_5(t)$ の滑らかさが，複素フーリエ係数の減衰に反映しているのです。これが本節の冒頭に書いた「滑らかな関数は，そのフーリエ展開の最初のほうの項だけでよく近似できる」ということの理由です。これを実感するには，2 章の式 (2.14) の $x_1(t)$（連続だけれど微分できない点があります）と $x_4(t)$（不連続な点があります）がよいと思います。$x_1(t)$ は，最初の第 3，4 項の部分和でかなりよく近似できている（滑らかでない点では近似があまりよくないですが）のに対し，$x_4(t)$ では，第 50 項くらいまで足してようやく近く見えるという感じです（特に不連続点の近くでの近似はとても悪いです）。

じつは，さらにつぎの強い結果が知られています（中村[1] の定理 2.5）。

**定理 5.2**（ペイリー＝ウィーナーの定理）　$x(t)$ を実解析的な周期関数とする。このとき，ある $C > 0, K > 0$ が存在し

$$|c_n| \leq Ce^{-K|n|} \quad (n = 0, \pm 1, \pm 2, \cdots) \tag{5.1}$$

が成立する。逆に，式 (5.1) が成り立てば，$x(t)$ は実解析的である。

ここで，$x(t)$ が，実解析的であるとは，任意の実数 $t_0$ に対し，$t_0$ において $x(t)$ のテイラー級数展開が正の収束半径を持つという意味です。$\sin t$，$\cos 3t$ のようなものは実解析的な周期関数です。非常に滑らかだということを意味しています。

ペイリー＝ウィーナーの定理（Paley-Wiener theorem）は，標語的にいえば，実解析的な周期関数の複素フーリエ係数は指数的に減衰し，その逆も正しい，ということです。

———— 章 末 問 題 ————

問題 5-34 （数学）　$a, b$ を $a^2 + b^2 \neq 0$ となる実数とします。このとき，不定積分

$$I_c = \int e^{at} \cos bt\, dt, \quad I_s = \int e^{at} \sin bt\, dt$$

を以下の 2 通りの方法で計算してください。
(1) 部分積分を 2 回行う方法
(2) オイラーの公式を用いて $e^{ibt} = \cos bt + i \sin bt$ に書き換え，不定積分 $I = I_c + iI_s$ を計算することにより，$I_c, I_s$ を求める方法

問題 5-35 （数学）　$x(t) = \sin^3 t$ の複素フーリエ展開を求め，その振幅スペクトル，位相スペクトルを求めてください。

問題 5-36 （数学）　$x(t) = \cos^N t$ の複素フーリエ展開を求め，その振幅スペクトル，位相スペクトルを求めてください。
［ヒント］　二項定理を利用するとよいでしょう。

問題 5-37 （**Python**）　図 5.2 を表示するプログラムを書いてください。

問題 5-38 （数学）　$x(t) = e^{\cos t} \sin(\sin t)$ の複素フーリエ展開を求めてください。また，そのフーリエ係数 $c_n$ が，任意の正の数 $k$ に対し，$n^k$ よりも速く減衰すること，すなわち，$n^k c_n \to 0 \ (n \to \infty)$ を満たすことを証明してください。

# 6

# フーリエ変換

これまでの章で，周期関数をフーリエ級数展開する技術について学んできましたが，周期関数でない関数に対し，フーリエ級数展開のように信号の周波数に相当する情報を取り出すことができたら便利でしょう。ここでは，そのような技術としてフーリエ変換を導入します。

## 6.1　フーリエ変換の導入

周期 $T$ の関数 $x(t)$ の複素フーリエ係数はつぎのように表すことができました。

$$c_n = \frac{1}{T}\int_{-T/2}^{T/2} x(t)e^{-2\pi i f_0 n t}dt$$

複素フーリエ係数の連続版として以下の式を考えましょう。$f$ は周波数です。

$$\widehat{x}(f) = \int_{-\infty}^{\infty} x(t)e^{-2\pi i f t}dt \tag{6.1}$$

この積分が存在するとき，これを $x(t)$ のフーリエ変換といいます。$f$ は，フーリエ級数における $f_0 n$ に対応しています。フーリエ級数では，$f_0$ の倍数の飛び飛びの周波数だったものが，フーリエ変換では，連続的なものに置き換わっているわけです。ただし，フーリエ変換は，フーリエ級数の類似ではあるものの，そのまま拡張にはなっていないことに注意しましょう。

---
**補足 6.1**　　フーリエ変換の表示法いろいろ
---

フーリエ変換には角周波数で表現する流儀もあります。さらに定数の取り方で 2 通りあり

$$\widehat{x}(\omega) = \int_{-\infty}^{\infty} x(t)e^{-i\omega t}dt$$

$$\widehat{x}(\omega) = \frac{1}{\sqrt{2\pi}}\int_{-\infty}^{\infty} x(t)e^{-i\omega t}dt$$

とすることがあります。偏微分方程式への応用を念頭におく場合には，$\omega$ の代わりに $\xi$ を使うことが多いです。いずれにせよ定数や記号の違いであり，本質的なものではありませんが，文献を参照する際には注意する必要があります。

---

一般に式 (6.1) の右辺の積分は収束しません。式 (6.1) の最もわかりやすい収束条件は

$$\int_{-\infty}^{\infty} |x(t)|dt = \lim_{R\to\infty}\int_{-R}^{R} |x(t)|dt < \infty$$

です。これを **$L^1$ 条件**（$L^1$-condition）といいます。$L^1$ 条件を満たす関数は，単に**可積分**（summable）であると呼ばれることもあります。実軸全体で可積分な関数の全体を $L^1(\mathbb{R})$ と書きます。以下，可積分関数 $x$ を考えます。

複素フーリエ係数は，$x$ を構成する正弦波の周波数に関する情報を取り出す道具でした。$\cos t$ のような 0 でない周期関数 $x(t)$ に対しては，フーリエ変換の積分が発散してしまうのですが，例えば，$f_0 > 0$ を固定した周波数として

$$x(t) = \begin{cases} \cos 2\pi f_0 t & (|t| \le \tau) \\ 0 & (\text{その他}) \end{cases}$$

のように時間を適当にカットオフしたものを考えれば

$$\begin{aligned}
\widehat{x}(f) &= \int_{-\tau}^{\tau} \cos 2\pi f_0 t e^{-2\pi i f t} dt = \frac{1}{2}\int_{-\tau}^{\tau}(e^{2\pi i f_0 t}+e^{-2\pi i f_0 t})e^{-2\pi i f t}dt \\
&= \frac{1}{2}\int_{-\tau}^{\tau}\{e^{2\pi i(f_0-f)t}+e^{-2\pi i(f_0+f)t}\}dt = \frac{1}{2}\left[\frac{e^{2\pi i(f_0-f)t}}{2\pi i(f_0-f)}-\frac{e^{-2\pi i(f_0+f)t}}{2\pi i(f_0+f)}\right]_{-\tau}^{\tau} \\
&= \frac{1}{2}\left\{\frac{e^{2\pi i(f_0-f)\tau}-e^{-2\pi i(f_0-f)\tau}}{2\pi i(f_0-f)}+\frac{e^{2\pi i(f_0+f)\tau}-e^{-2\pi i(f_0+f)\tau}}{2\pi i(f_0+f)}\right\} \\
&= \frac{\sin 2\pi\tau(f-f_0)}{2\pi(f-f_0)}+\frac{\sin 2\pi\tau(f+f_0)}{2\pi(f+f_0)} = \tau\mathrm{sinc}\, 2\tau(f-f_0)+\tau\mathrm{sinc}\, 2\tau(f+f_0)
\end{aligned}$$

となります。ここで

$$\mathrm{sinc}\, z = \frac{\sin \pi z}{\pi z}$$

は，信号処理で頻出する関数で，**カーディナル・サイン関数**（sinc 関数，ジンク関数，シンク関数）と呼ばれるものです。なお，$\mathrm{sinc}\, 0 = \lim_{z\to 0}\dfrac{\sin \pi z}{\pi z} = 1$ と定義します。Python（の `numpy` ライブラリ）でも，この定義が採用されているので，本書でもこれに従っておきます。

---
**補足 6.2**　　カーディナル・サイン関数の別の定義

$$\mathrm{sinc}\, z = \frac{\sin z}{z}$$

をカーディナル・サイン関数と呼ぶ流儀もあります。

---

グラフを表示してみましょう。リスト **6.1** のようにすれば，図 **6.1** が表示されます。

リスト **6.1**（sinc.py）

```
1 import matplotlib.pyplot as plt
2 import numpy as np
3
4 f = np.arange(-10, 10, 0.01)
5
6 plt.plot(f, np.sinc(f))
7 plt.show()
```

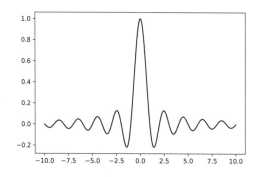

図 **6.1**　$\mathrm{sinc}\,(f)$ のグラフ

　このフーリエ変換は，$|f_0|$ が大きいとき（高周波のとき）$f = \pm f_0$ でピークを取ります。$\tau = 1$，$f_0 = 5$ のときのグラフを描いてみましょう。リスト 6.1 の 6 行目を

```
plt.plot(f,np.sinc(f-5)+np.sinc(f+5))
```

とすれば，図 **6.2** が表示されます。

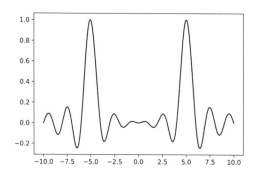

図 **6.2**　$\mathrm{sinc}\,(f-5)+\mathrm{sinc}\,(f+5)$ の
グラフ

　$f_0$ をさらに小さく取ると二つのピークが接近して識別が難しくなることもわかります（いろいろな $f_0$ に対してグラフを表示してみましょう）。

　つまり，フーリエ変換は入力波の周波数を取り出す役に立つのです。

　一般にフーリエ変換は $f$ の複素数値関数になります。信号の周波数をつかみ出すには，その（複素数としての）絶対値 $|\widehat{x}(f)|$ の大きさを見ればよいことになります。$|\widehat{x}(f)|$ を **振幅スペクトル密度**（amplitude spectral density），または単に **振幅スペクトル** と呼びます。$|\widehat{x}(f)|^2$ をパワースペクトル密度（power spectral density）または単にパワースペクトルと呼びますが，エネルギースペクトルと呼ばれる場合もあります。複素フーリエ級数のときと同様に $\widehat{x}(f)$ の偏角を **位相スペクトル** といいます。周波数を取り出すという意味では振幅スペクトルとパワースペクトルが重要ですが，波の重ね合わせを経由して，位相スペクトルが振幅スペクトル（パワースペクトル）に影響を及ぼすことには注意すべきでしょう。二つの信号 $x(t)$，$y(t)$ を考えましょう。当たり前ですが，$\widehat{x}(f) + \widehat{y}(f) = \widehat{(x+y)}(f)$ です。$\widehat{x}(f) = p(f) + iq(f)$，$\widehat{y}(f) = r(f) + is(f)$ のように実部と虚部に分けてみると

$$\widehat{(x+y)}(f) = p(f) + iq(f) + r(f) + is(f) = \{p(f) + r(f)\} + i\{q(f) + s(f)\}$$

となるので

$$|\widehat{(x+y)}(f)|^2 = \{p(f)+r(f)\}^2 + \{q(f)+s(f)\}^2$$

となります。これは，$x$, $y$ おのおののパワースペクトル $p(f)^2+q(f)^2$ と $r(f)^2+s(f)^2$ の和ではありません。複素数になった時点で重ね合わせが生じるので，けっきょくパワースペクトルにも影響が出てしまうのです。

$\tau=1$, $f_0=5$ のときの振幅スペクトルを表示するには，リスト 6.1 の 6 行目を

```
plt.plot(f,np.abs(np.sinc(f-5)+np.sinc(f+5)))
```

とすればよいでしょう。実行すれば，図 **6.3** が表示されます。

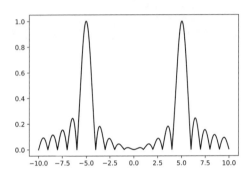

図 **6.3**　$|\widehat{x}(f)|$ のグラフ

## 6.2　フーリエ変換の基本的な性質

ここで，定義から簡単に導けるフーリエ変換の基本的な性質をまとめておきましょう。

---

**命題 6.1**

(1)　実数値関数 $x$ に対し，$\widehat{x}(-f) = \overline{\widehat{x}(f)}$

(2)　$x(t-t_0)$ のフーリエ変換は，$e^{-2\pi i f t_0}\widehat{x}(f)$

(3)　$x_a(t) = x(at)$ のフーリエ変換は，$\dfrac{1}{|a|}\widehat{x}\left(\dfrac{f}{a}\right)$，ただし $a\,(\neq 0)$ は定数

---

証明

(1)　これは自明でしょう。

(2)　時間をずらした $x_{t_0}(t) = x(t-t_0)$ のフーリエ変換は，$t' = t-t_0$ と置き換えることによって

$$\widehat{x_{t_0}}(f) = \int_{-\infty}^{\infty} x(t-t_0)e^{-2\pi i f t}dt = \int_{-\infty}^{\infty} x(t')e^{-2\pi i f(t'+t_0)}dt'$$
$$= e^{-2\pi i f t_0}\widehat{x}(f)$$

となります。

(3) $x_a(t) = x(at)$ のフーリエ変換は，$a > 0$ の場合，$s = at$ と置き換えることによって

$$\widehat{x_a}(f) = \int_{-\infty}^{\infty} x(at)e^{-2\pi ift}dt = \frac{1}{a}\int_{-\infty}^{\infty} x(s)e^{-2\pi is(f/a)}ds = \frac{1}{a}\widehat{x}\left(\frac{f}{a}\right)$$

となります。$a < 0$ のときも $t' = at$ と置き換えて計算すると，以下の式が得られます。

$$\widehat{x_a}(f) = \int_{-\infty}^{\infty} x(at)e^{-2\pi ift}dt = \frac{1}{a}\int_{\infty}^{-\infty} x(t')e^{-2\pi if(t'/a)}dt'$$

$$= -\frac{1}{a}\int_{-\infty}^{\infty} x(t')e^{-2\pi if(f/a)t'}dt' = \frac{1}{|a|}\widehat{x}\left(\frac{f}{a}\right) \qquad \square$$

---

**補足 6.3**　　　フーリエ変換は偶奇性を保つ ━━━

命題 6.1(3) において，$a = -1$ とすると

$$\widehat{x_{-1}}(f) = \widehat{x}(-f) \tag{6.2}$$

が得られますが，これから，フーリエ変換は偶奇性を保つ（偶関数は偶関数に，奇関数は奇関数に変換される）という性質が導かれます。実際，偶関数の定義式 $x_{-1}(t) = x(-t) = x(t)$ の両辺をフーリエ変換して，$\widehat{x_{-1}}(f) = \widehat{x}(-f) = \widehat{x}(f)$ が得られます。同様にして，奇関数の定義式 $x_{-1}(t) = x(-t) = -x(t)$ の両辺をフーリエ変換して，$\widehat{x_{-1}}(f) = \widehat{x}(-f) = -\widehat{x}(f)$ が得られます。この性質を知っていると，フーリエ変換の計算をチェックするときに役立ちます。

---

## 6.3　フーリエ逆変換

$\widehat{x}(f)$ から $x(t)$ を復元する公式をフーリエ逆変換の公式といいます。この公式は，見た目はとてもシンプルですが，証明にはルベーグ積分の知識が必要になります。形式的に積分の順序交換をするだけでは数学的に正しい証明にならないからです。ですので，最初は飛ばして，フーリエ逆変換の公式を使ってみるところから始めてもかまいません。使っているうちにその意味がつかめてくると思います。

---

**定理 6.1**（フーリエ逆変換の公式）　　　$x, \widehat{x}$ がともに可積分であるとき，以下の式が成り立つ。

$$x(t) = \int_{-\infty}^{\infty} \widehat{x}(f)e^{2\pi itf}df$$

---

**証明**　　$x(t)$ が有界かつ連続であると仮定しましょう。ここで有界であるとは，正の定数 $M$ が存在して，$|x(t)| \le M$ となることを意味します。じつはこの仮定が不要なことがわかるのですが，少々脇道にそれるので説明は後ほど行うことにします（後述の補題 6.1）。示すべき等式は

$$x(t) = \int_{-\infty}^{\infty} \left\{ \int_{-\infty}^{\infty} x(s)e^{2\pi if(t-s)}ds \right\} df \tag{6.3}$$

です。式 (6.3) を示すには積分の順序交換をすればよさそうですが，被積分関数 $x(s)e^{2\pi i f(t-s)}$ は，$(s,f)$ の関数と見たとき，可積分ではないので，このままでは積分の順序交換ができません。実際，形式的に積分の順序交換をしてみると

$$\int_{-\infty}^{\infty} e^{2\pi i f(t-s)} df$$

という積分が出てきますが，これは発散してしまいます[†]。そこで，この被積分関数を可積分なものに置き換え，ルベーグの収束定理（定理 10.5）を使う方法を取ります。つぎのような積分を考え，$\epsilon > 0$ として，$\epsilon \to 0$ とするわけです。

$$I_\epsilon(t) = \int_{-\infty}^{\infty} \left\{ \int_{-\infty}^{\infty} x(s) e^{2\pi i f(t-s)} e^{-\epsilon^2 f^2/2} ds \right\} df \tag{6.4}$$

ここで，$x(s)e^{2\pi i f(t-s)} e^{-\epsilon^2 f^2/2}$ は $(s,f)$ の関数として可積分です。つまり

$$\int_{-\infty}^{\infty} \int_{-\infty}^{\infty} |x(s) e^{2\pi i f(t-s)} e^{-\epsilon^2 f^2/2}| ds df < \infty$$

が成り立ちますから，フビニ＝トネリの定理（定理 10.6）より式 (6.4) において積分の順序交換ができます。

$$I_\epsilon(t) = \int_{-\infty}^{\infty} \left\{ \int_{-\infty}^{\infty} x(s) e^{2\pi i f(t-s)} e^{-\epsilon^2 f^2/2} ds \right\} df = \int_{-\infty}^{\infty} x(s) \left\{ \int_{-\infty}^{\infty} e^{2\pi i f(t-s) - \epsilon^2 f^2/2} df \right\} ds$$

ここで $e$ の肩に乗っている $f$ に関する二次式を平方完成して

$$\begin{aligned}
2\pi i f(t-s) - \frac{1}{2}\epsilon^2 f^2 &= -\frac{\epsilon^2}{2} \left\{ f^2 - \frac{4\pi i f(t-s)}{\epsilon^2} \right\} \\
&= -\frac{\epsilon^2}{2} \left\{ \left( f - \frac{2\pi i(t-s)}{\epsilon^2} \right)^2 + \frac{4\pi^2(t-s)^2}{\epsilon^4} \right\} \\
&= -\frac{\epsilon^2}{2} \left\{ f - \frac{2\pi i(t-s)}{\epsilon^2} \right\}^2 - \frac{2\pi^2(t-s)^2}{\epsilon^2}
\end{aligned}$$

となります。よって，積分公式

$$\int_{-\infty}^{\infty} e^{-a(f-bi)^2} df = \sqrt{\frac{\pi}{a}} \quad (a > 0, \; b \text{ は実数}) \tag{6.5}$$

を用いれば

$$\int_{-\infty}^{\infty} e^{-\frac{\epsilon^2}{2}\left( f - \frac{2\pi i(t-s)}{\epsilon^2} \right)^2} df = \sqrt{\frac{2\pi}{\epsilon^2}} = \frac{\sqrt{2\pi}}{\epsilon} \tag{6.6}$$

からつぎのようになることがわかります。

$$I_\epsilon(t) = \frac{\sqrt{2\pi}}{\epsilon} \int_{-\infty}^{\infty} x(s) e^{-\frac{2\pi^2(t-s)^2}{\epsilon^2}} ds = \frac{1}{\sqrt{2\pi}} \int_{-\infty}^{\infty} x\left( t + \frac{\epsilon}{2\pi} u \right) e^{-\frac{u^2}{2}} du$$

ここで，$s = t + \dfrac{\epsilon}{2\pi} u$ とおきました。被積分関数において，$x$ の有界性から，一様な評価

$$\left| x\left( t + \frac{\epsilon}{2\pi} u \right) \right| e^{-u^2/2} \leq M e^{-u^2/2} \tag{6.7}$$

---

[†]  $\displaystyle\lim_{a\to\infty, b\to\infty} \int_{-a}^{b} e^{2\pi i f(t-s)} df$ が，$a, b$ をどのように大きくするかで変わってしまうので，極限が存在しないという意味です。

が得られます．式 (6.7) の右辺は可積分ですので，ルベーグの収束定理（定理 10.5）より，$\epsilon \to 0+0$ の極限において，$x$ の連続性より以下の式が得られます．

$$\lim_{\epsilon \to 0+0} I_\epsilon(t) = \frac{1}{\sqrt{2\pi}} x(t) \int_{-\infty}^{\infty} e^{-\frac{u^2}{2}} du = \frac{1}{\sqrt{2\pi}} x(t) \sqrt{2\pi} = x(t) \qquad \square$$

証明の中で積み残した部分を埋めておきましょう．

---

**補題 6.1**　　$x(t)$ が可積分であれば，$\widehat{x}(f)$ は，$f$ に関して有界かつ連続である．

---

**証明**

$$|\widehat{x}(f)| \leqq \left| \int_{-\infty}^{\infty} x(t) e^{-2\pi i f t} dt \right| \leqq \int_{-\infty}^{\infty} |x(t)| dt < \infty$$

から $\widehat{x}(f)$ は有界です．連続であることは，被積分関数 $x(t) e^{-2\pi i f t}$ が可積分かつ $f$ に関して連続であることから，ルベーグの収束定理（定理 10.5）を使うことができて

$$\lim_{f \to f_0} \widehat{x}(f) = \lim_{f \to f_0} \int_{-\infty}^{\infty} x(t) e^{-2\pi i f t} dt = \int_{-\infty}^{\infty} x(t) e^{-2\pi i f_0 t} dt = \widehat{x}(f_0)$$

となり，連続であることがわかります． $\square$

フーリエ級数のところで少しだけ触れたリーマン＝ルベーグの補題ですが，ここでフーリエ変換バージョンを書いておきましょう．証明は，10.4 節にあります．

---

**定理 6.2**（リーマン＝ルベーグの補題）　　$x(t)$ が可積分であれば，$\displaystyle\lim_{f \to \pm\infty} \widehat{x}(f) = 0$ が成り立つ．

---

## 6.4　フーリエ変換・逆変換の例

---

**例 6.1**　　$x(t) = e^{-2\pi a|t|}$ $(a > 0)$ のフーリエ変換を求めてみます．$x(t)$ が可積分であることに注意しましょう．

$$\begin{aligned}
\widehat{x}(f) &= \int_{-\infty}^{\infty} e^{-2\pi a|t|} e^{-2\pi i f t} dt = \int_{0}^{\infty} e^{-2\pi a t} e^{-2\pi i f t} dt + \int_{-\infty}^{0} e^{2\pi a t} e^{-2\pi i f t} dt \\
&= \int_{0}^{\infty} e^{-2\pi(a+if)t} dt + \int_{-\infty}^{0} e^{2\pi(a-if)t} dt \\
&= \left[ -\frac{e^{-2\pi(a+if)t}}{2\pi(a+if)} \right]_0^{\infty} + \left[ \frac{e^{2\pi(a-if)t}}{2\pi(a-if)} \right]_{-\infty}^{0} = \frac{1}{2\pi(a+if)} + \frac{1}{2\pi(a-if)} \\
&= \frac{1}{\pi} \frac{a}{a^2+f^2}
\end{aligned}$$

ここで，$\displaystyle\lim_{t \to \infty} e^{-2\pi(a+if)t} = 0$，$\displaystyle\lim_{t \to -\infty} e^{2\pi(a-if)t} = 0$ を使いました．

$\widehat{x}(f)$ は可積分ですから，フーリエ逆変換の公式に代入することができます。代入すれば

$$e^{-2\pi a|t|} = \int_{-\infty}^{\infty} \frac{1}{\pi}\frac{a}{a^2+f^2}e^{2\pi itf}df$$

が得られます。ここで，$t$ を $-t$ に置き換えて整理すると

$$\int_{-\infty}^{\infty} \frac{1}{a^2+f^2}e^{-2\pi itf}df = \frac{\pi e^{-2\pi a|t|}}{a}$$

となりますが，さらに $t$ と $f$ を入れ替えるとつぎのようになることがわかります。

$$\int_{-\infty}^{\infty} \frac{1}{a^2+t^2}e^{-2\pi ift}dt = \frac{\pi e^{-2\pi a|f|}}{a} \tag{6.8}$$

これは $y(t) = \dfrac{1}{a^2+t^2}$ のフーリエ変換が，$\widehat{y}(f) = \dfrac{\pi e^{-2\pi a|f|}}{a}$ で与えられることを示しています[1]。

**例 6.2**　ガウス型関数 $x(t) = e^{-a^2t^2/2}$ $(a>0)$ のフーリエ変換を求めてみます。

$$\widehat{x}(f) = \int_{-\infty}^{\infty} e^{-a^2t^2/2}e^{-2\pi ift}dt$$

を計算すればよいのですが，指数の肩にある二次式を平方完成すると

$$-\frac{a^2t^2}{2} - 2\pi ift = -\frac{a^2}{2}\left(t^2 + 4\pi i\frac{f}{a^2}t\right) = -\frac{a^2}{2}\left\{\left(t+\frac{2\pi if}{a^2}\right)^2 + \frac{4\pi^2 f^2}{a^4}\right\}$$

$$= -\frac{a^2}{2}\left(t+\frac{2\pi if}{a^2}\right)^2 - \frac{2\pi^2 f^2}{a^2}$$

となるので，積分公式 (6.5) を用いれば，つぎのように書き換えられます。

$$\widehat{x}(f) = e^{-\frac{2\pi^2 f^2}{a^2}}\int_{-\infty}^{\infty} e^{-\frac{a^2}{2}\left(t+\frac{2\pi if}{a^2}\right)^2}dt = e^{-\frac{2\pi^2 f^2}{a^2}}\sqrt{\frac{2\pi}{a^2}} = \frac{\sqrt{2\pi}}{a}e^{-\frac{2\pi^2 f^2}{a^2}}$$

　定数倍の差はありますが，ガウス型関数のフーリエ変換もガウス型関数になっていることがわかります。$\widehat{x}(f)$ は可積分ですから，フーリエ逆変換の公式が使えて

$$e^{-\frac{a^2t^2}{2}} = \int_{-\infty}^{\infty} \frac{\sqrt{2\pi}}{a}e^{-\frac{2\pi^2 f^2}{a^2}}e^{2\pi itf}df$$

が成り立ちます。直接計算で確かめることもできます。

**例 6.3**　可積分な関数 $x(t)$ のフーリエ変換が可積分とは限りません[2]。例えば，$T>0$ としたとき，関数

---

[1]　フーリエ逆変換の公式を用いずにこの公式を導出するには，複素関数論が必要になります。
[2]　この性質は，フーリエ変換での数学的議論がややこしくなる原因の一つです。

$$x(t) = \begin{cases} \dfrac{1}{T} & (|t| \leqq T/2) \\ 0 & (その他) \end{cases}$$

は明らかに可積分ですが，そのフーリエ変換である以下の式は可積分ではありません。

$$\widehat{x}(f) = \int_{-\infty}^{\infty} x(t)e^{-2\pi ift}dt = \frac{1}{T}\int_{-T/2}^{T/2} e^{-2\pi ift}dt = \frac{1}{T}\left[-\frac{e^{-2\pi ift}}{2\pi if}\right]_{-T/2}^{T/2}$$

$$= \frac{1}{T}\frac{e^{\pi iTf}-e^{-\pi iTf}}{2\pi if} = \frac{\sin\pi Tf}{\pi Tf} = \mathrm{sinc}(Tf)$$

よって，フーリエ逆変換を直接計算することはできないのです。つまり，フーリエ逆変換の公式はそのままの形では成り立ちません。しかし，つぎの定理 6.3 が成立することが知られています。証明抜きで結果だけ紹介し，応用例を一つ挙げておくことにします。

**定理 6.3**　　$x$ が可積分かつ区分的に滑らかであれば，各 $t$ に対して以下の式が成り立つ。

$$\lim_{R\to\infty}\int_{-R}^{R}\widehat{x}(f)e^{2\pi ift}df = \frac{x(t+0)+x(t-0)}{2}$$

　定理 6.3 は，不連続点を除けば広義積分の各点収束の意味でフーリエ逆変換の公式が成り立つという主張です。

　例 6.3 の結果に，定理 6.3 を適用して，有名な積分公式を導いてみましょう。

$$\int_{-\infty}^{\infty}\widehat{x}(f)e^{2\pi ift}df = \lim_{R\to\infty}\int_{-R}^{R}\frac{\sin\pi Tf}{\pi Tf}e^{2\pi ift}df = \frac{x(t+0)+x(t-0)}{2}$$

となりますが，$x(t)$ は $t=0$ で連続ですから，上の結果に $t=0$ を代入することにより，つぎの等式が成り立つことがわかります。

$$\int_{-\infty}^{\infty}\frac{\sin\pi Tf}{\pi Tf}df = \frac{1}{T}$$

$T=1/\pi$ とおいて $f$ を $x$ に置き換えれば，つぎの有名な積分公式が得られます。

$$\int_{-\infty}^{\infty}\frac{\sin x}{x}dx = \pi$$

───────── 章　末　問　題 ─────────

問題 6-39（**数学**）　つぎの関数のフーリエ変換を求めてください。ここで，$f_0$ は実数の定数です。

$$x(t) = \begin{cases} \sin 2\pi f_0 t & (|t| \leqq \tau) \\ 0 & (その他) \end{cases}$$

問題 6-40 （**数学**）　問題 6-39 の信号 $x(t)$ に対し，つぎの関数のフーリエ変換を求めてください。

 (1)　$y_1(t) = x(t-3)$  (2)　$y_2(t) = 2x(t+2)$

 (3)　$y_3(t) = x(2t)$   (4)　$y_4(t) = x(-3t)$

問題 6-41 （**数学**）　$a > 0$ を定数とします。このとき

$$x(t) = \begin{cases} 1 & (0 < t \leqq a) \\ -1 & (-a \leqq t \leqq 0) \\ 0 & (その他) \end{cases}$$

に対して，そのフーリエ変換 $\hat{x}(f)$ を求めてください。

問題 6-42 （**数学**）　$a > 0$ を定数とします。このとき

$$x(t) = \begin{cases} e^{-at} & (t \geqq 0) \\ 0 & (その他) \end{cases}$$

に対して，そのフーリエ変換 $\hat{x}(f)$ を求めてください。

問題 6-43 （**数学**）　$a\ (> 0)$, $b$ を実数の定数とします。このとき

$$x(t) = \begin{cases} e^{-at}\cos bt & (t \geqq 0) \\ 0 & (その他) \end{cases}$$

のフーリエ変換 $\hat{x}(f)$ を求めてください。

問題 6-44 （**数学**）　つぎの関数のフーリエ変換 $\hat{x}(f)$ を求めてください。

$$x(t) = \begin{cases} 1 - |t| & (-1 \leqq t \leqq 1) \\ 0 & (その他) \end{cases}$$

問題 6-45 （**数学**）　式 (6.8) を利用してつぎの積分の値を求めてください。

$$\int_{-\infty}^{\infty} \frac{\cos 2\pi f t}{a^2 + t^2}\,dt$$

問題 6-46 （**数学**）　$z$ を実数とします。このとき，$|\sin z| \leqq |z|$ であることを示してください。

# フーリエ変換の諸性質

本章では，フーリエ変換とフーリエ逆変換に続いて，フーリエ変換に関するさまざまな性質を学びます。数学的な話が多いので，ひとまず定理を認めて使ってみるとよいでしょう。

## 7.1 $L^2$ 条 件

$|x(t)|^2$ が $L^1$ 条件を満たすとき，$x(t)$ は，$L^2$ 条件を満たすといいます。実軸上で $L^2$ 条件を満たす $x$ 全体の集合を $L^2(\mathbb{R})$ と書きます。$x \in L^2(\mathbb{R})$ の $L^2$ ノルムを

$$\|x\|_{L^2} = \left( \int_{-\infty}^{\infty} |x(t)|^2 dt \right)^{1/2}$$

で定義し，$L^2$ 条件を満たす $x, y$ に対して，これらの内積を

$$\langle x, y \rangle = \int_{-\infty}^{\infty} x(t)\overline{y(t)} dt$$

で定義します。シュヴァルツの不等式より

$$|\langle x, y \rangle| \leqq \|x\|_{L^2} \|y\|_{L^2}$$

ですから，$x$, $y$ が $L^2$ 条件を満たせば，内積 $\langle x, y \rangle$ は有限です。

---

**定義 7.1** $L^2(\mathbb{R})$ におけるフーリエ変換を

$$\widehat{x}(f) = \lim_{R \to \infty} \int_{-R}^{R} x(t) e^{-2\pi i f t} dt \tag{7.1}$$

で定義する。ただし，極限 $\displaystyle\lim_{R \to \infty}$ は，$L^2$ ノルムの意味で取る。

---

ここで，$L^2$ ノルムの意味で，$S_R \to S \ (R \to \infty)$ であるとは，$\|S_R - S\|_{L^2} \to 0 \ (R \to \infty)$ という意味です。

---

**定理 7.1** 定義 7.1 において，式 (7.1) の右辺の極限が（$L^2$ ノルムの意味で）存在し，$\widehat{x}$ は $L^2$ 条件を満たす。

---

**定理 7.2**（プランシェレルの定理）  実軸上の関数 $x$, $y$ が $L^2$ 条件を満たすとき

$$\langle \widehat{x}, \widehat{y} \rangle = \langle x, y \rangle \tag{7.2}$$

が成り立つ。特に，$\|\widehat{x}\|_{L^2}^2 = \|x\|_{L^2}^2$ が成り立つ（これを $L^2(\mathbb{R})$ におけるパーセバルの等式という）。

---

**証明**  **極化恒等式**（polarization identity）

$$\langle x, y \rangle = \frac{1}{4}(\|x+y\|^2 - \|x-y\|^2 - i\|x-iy\|^2 + i\|x+iy\|^2) \tag{7.3}$$

が成り立つ（問題 7-50 参照）ので，$\|\widehat{x}\|_{L^2}^2 = \|x\|_{L^2}^2$ のみ証明すれば十分です。

6.4 節の例 6.2 で計算したように，$g_\epsilon(f) = e^{-\epsilon^2 f^2/2}$ $(\epsilon > 0)$ のフーリエ逆変換を $\breve{g}_\epsilon(t)$ と書けば

$$\breve{g}_\epsilon(t) = \frac{\sqrt{2\pi}}{\epsilon} e^{-\frac{2\pi^2 t^2}{\epsilon^2}} \tag{7.4}$$

となります（ただし，$a$ を $\epsilon$ と置き換え，$t$ と $f$ を交換していることに注意しましょう）。$x$ が可積分かつ $L^2$ 条件を満たすとき，補題 6.1 より，$\widehat{x}$ は有界かつ可積分ですから，$\epsilon > 0$ に対し，積分

$$\int_{-\infty}^{\infty} |\widehat{x}(f)|^2 g_\epsilon(f) df \tag{7.5}$$

が存在します。$x$ は可積分ですから，$\overline{x(s)}x(t)g_\epsilon(f)$ は，3 変数 $(s, t, f)$ の関数として可積分です。よってフビニ＝トネリの定理（定理 10.6）より，積分の順序交換をすることができて，つぎのようになります。

$$
\begin{aligned}
\int_{-\infty}^{\infty} |\widehat{x}(f)|^2 g_\epsilon(f) df &= \int_{-\infty}^{\infty} \int_{-\infty}^{\infty} \int_{-\infty}^{\infty} \overline{x(s)e^{-2\pi i f s}} x(t) e^{-2\pi i f t} g_\epsilon(f) ds\, dt\, df \\
&= \int_{-\infty}^{\infty} \int_{-\infty}^{\infty} \overline{x(s)} x(t) \left\{ \int_{-\infty}^{\infty} g_\epsilon(f) e^{2\pi i f(s-t)} df \right\} ds\, dt \\
&= \int_{-\infty}^{\infty} \int_{-\infty}^{\infty} \overline{x(s)} x(t) \frac{\sqrt{2\pi}}{\epsilon} e^{-\frac{2\pi^2 (s-t)^2}{\epsilon^2}} ds\, dt
\end{aligned}
$$

ここで，2 行目から 3 行目を導く際に，括弧内の $f$ に関する積分が，$g_\epsilon$ のフーリエ逆変換であることを使いました。ここで

$$\lim_{\epsilon \to 0+0} \int_{-\infty}^{\infty} x(t) \frac{\sqrt{2\pi}}{\epsilon} e^{-\frac{2\pi^2 (s-t)^2}{\epsilon^2}} dt = x(s) \tag{7.6}$$

であること（式 (7.6) については，補足 7.1 で簡単に説明します）がわかります。さらに，$|x(t)| \leq M$ となる定数 $M$ $(> 0)$ を用いて，評価式

$$\left| \int_{-\infty}^{\infty} \overline{x(s)} x(t) \frac{\sqrt{2\pi}}{\epsilon} e^{-\frac{2\pi^2 (s-t)^2}{\epsilon^2}} dt \right| \leq M|x(s)| \int_{-\infty}^{\infty} \frac{\sqrt{2\pi}}{\epsilon} e^{-\frac{2\pi^2 (s-t)^2}{\epsilon^2}} dt = M|x(s)|$$

が得られます。$M|x(s)|$ は，$\epsilon > 0$ によらない（$s$ についての）可積分関数ですから，ルベーグの収束定理（定理 10.5）が使えて，$\epsilon \to 0+0$ の極限でつぎのようになることがわかります。

$$\int_{-\infty}^{\infty} \int_{-\infty}^{\infty} \overline{x(s)} x(t) \frac{\sqrt{2\pi}}{\epsilon} e^{-\frac{2\pi^2 (s-t)^2}{\epsilon^2}} ds\, dt \to \int_{-\infty}^{\infty} |x(s)|^2 ds \quad (\epsilon \to 0+0) \qquad \square$$

$\|\widehat{x}\|_{L^2}^2 = \|x\|_{L^2}^2$ の左辺は，周波数領域におけるエネルギー，右辺は時間領域におけるエネルギーを表しています。プランシェレルの定理（定理7.2）は，周波数領域におけるエネルギーと時間領域におけるエネルギーが同じであること，つまり，フーリエ変換によってエネルギーが保存されていることを表しているのです。

---

**補足 7.1    式 (7.6) の積分について**

式 (7.6) の積分は，$z = \dfrac{2\pi(t-s)}{\epsilon}$ と置換すれば

$$\int_{-\infty}^{\infty} x(t)\frac{\sqrt{2\pi}}{\epsilon}e^{-\frac{2\pi^2(s-t)^2}{\epsilon^2}}dt = \frac{1}{\sqrt{2\pi}}\int_{-\infty}^{\infty} x\left(\frac{\epsilon}{2\pi}z + s\right)e^{-\frac{z^2}{2}}dz$$

となります。これを使えば，積分をつぎのように書き換えることができます。

$$\left|\int_{-\infty}^{\infty} x(t)\frac{\sqrt{2\pi}}{\epsilon}e^{-\frac{2\pi^2(s-t)^2}{\epsilon^2}}dt - x(s)\right|$$

$$= \frac{1}{\sqrt{2\pi}}\left|\int_{-\infty}^{\infty} x\left(\frac{\epsilon}{2\pi}z + s\right)e^{-\frac{z^2}{2}}dz - \sqrt{2\pi}x(s)\right|$$

$$= \frac{1}{\sqrt{2\pi}}\left|\int_{-\infty}^{\infty} x\left(\frac{\epsilon}{2\pi}z + s\right)e^{-\frac{z^2}{2}}dz - \int_{-\infty}^{\infty} x(s)e^{-\frac{z^2}{2}}dz\right|$$

$$\leq \frac{1}{\sqrt{2\pi}}\int_{-\infty}^{\infty} \left|x\left(\frac{\epsilon}{2\pi}z + s\right) - x(s)\right|e^{-\frac{z^2}{2}}dz$$

$x$ が無限回微分可能で，適当な $L > 0$ に対して，$[-L, L]$ の外で $0$ になるような関数（コンパクトサポートを持つ関数といいます）であれば，適当な定数 $C > 0$ が存在して

$$\left|x\left(\frac{\epsilon}{2\pi}z + s\right) - x(s)\right| \leq C\epsilon|z|$$

となります。よって

$$\frac{1}{\sqrt{2\pi}}\int_{-\infty}^{\infty} \left|x\left(\frac{\epsilon}{2\pi}z + s\right) - x(s)\right|e^{-\frac{z^2}{2}}dz$$

$$\leq \frac{C\epsilon}{\sqrt{2\pi}}\int_{-\infty}^{\infty} |z|e^{-\frac{z^2}{2}}dz \to 0 \quad (\epsilon \to 0 + 0)$$

となることがわかります。一般の場合は，$x$ をコンパクトサポートを持つ滑らかな関数で近似することで式 (7.6) を示すことができますが，詳細は省略します。

---

6.4節の例6.3では，$|t| \leq a$ で $1$，$|t| > a$ で $0$ となる関数 $x(t)$（これはもちろん可積分で $L^2$ 条件を満たします）のフーリエ変換が

$$\widehat{x}(f) = 2a\,\mathrm{sinc}\,(2af)$$

となることを示しました。この関数は可積分ではないのですが，$L^2$ 条件は満足しています。よって，$L^2(\mathbb{R})$ におけるパーセバルの等式（定理7.2）が使えて

$$\int_{-\infty}^{\infty} 4a^2 \mathrm{sinc}^2(2af)df = \int_{-\infty}^{\infty} |x(t)|^2 dt = 2a$$

となることがわかるのです。つまり以下の式が成り立ちます。

$$4a^2 \int_{-\infty}^{\infty} \mathrm{sinc}^2(2af)df = 2a$$

$2\pi af$ を $x$ に置き換えて置換積分することによって，つぎの積分公式が得られます。

$$\int_{-\infty}^{\infty} \left(\frac{\sin x}{x}\right)^2 dx = \pi$$

## 7.2　畳　込　み

ここでは，関数と関数の間に「畳込み」という演算を導入します。

---

**定義 7.2**　つぎの積分が存在するとき，$x(t)$，$y(t)$ の**畳込み**（convolution）または**合成積**（convolution）という。積分であることを強調したい場合は，畳込み積分と呼ぶこともある。

$$(x * y)(t) = \int_{-\infty}^{\infty} x(s)y(t-s)ds \tag{7.7}$$

---

畳込み (7.7) の存在条件はいろいろ知られていますが，ここでは，二つの結果を示しておくことにしましょう。

---

**定理 7.3**　$x(t)$，$y(t)$ が可積分であるとき，$x * y$ も可積分である。

---

**証明**　$H(t,s) = x(s)y(t-s)$ とします。

$$\begin{aligned}
\int_{-\infty}^{\infty}\int_{-\infty}^{\infty} |H(t,s)|dtds &= \int_{-\infty}^{\infty}\int_{-\infty}^{\infty} |x(s)||y(t-s)|dtds \\
&= \left(\int_{-\infty}^{\infty} |x(s)|ds\right)\left(\int_{-\infty}^{\infty} |y(t-s)|dt\right) \\
&= \left(\int_{-\infty}^{\infty} |x(s)|ds\right)\left(\int_{-\infty}^{\infty} |y(t)|dt\right) < \infty
\end{aligned}$$

は，$H(t,s)$ が，$(t,s)$ の関数として可積分であることを示しています。よって，フビニ＝トネリの定理（定理 10.6）により，積分の順序交換ができて，以下の式が $t$ について可積分であることがわかります。

$$\int_{-\infty}^{\infty} x(s)y(t-s)ds = \int_{-\infty}^{\infty} H(t,s)ds \qquad \square$$

**定理 7.4**　　$x(t),\ y(t)$ が $L^2$ 条件を満たすとき，$x * y$ は有限値を取る。

**証明**

$$\left| \int_{-\infty}^{\infty} x(s)y(t-s)ds \right| \leq \int_{-\infty}^{\infty} |x(s)y(t-s)|ds$$

$$\leq \left( \int_{-\infty}^{\infty} |x(s)|^2 ds \right)^{1/2} \left( \int_{-\infty}^{\infty} |y(t-s)|^2 ds \right)^{1/2}$$

$$= \left( \int_{-\infty}^{\infty} |x(s)|^2 ds \right)^{1/2} \left( \int_{-\infty}^{\infty} |y(s)|^2 ds \right)^{1/2} < \infty$$

二つ目の不等式を導くためにシュヴァルツの不等式（定理 3.1）を使い，最後で $x(t),\ y(t)$ が $L^2$ 条件を満たすことを使いました。以上から，畳込み $(x*y)(t)$ の定義における被積分関数は可積分であり，$(x*y)(t)$ は有限の値を取ることがわかります。　　　　　　　　□

畳込み (7.7) は積分を見ると $x,\ y$ について交換法則 $x*y = y*x$ を満たさないように見えますが，じつはきちんと交換できます。実際，$u = t-s$ とおけば，$\dfrac{ds}{du} = -1$，$s = t-u$ ですので

$$(x*y)(t) = \int_{-\infty}^{\infty} x(s)y(t-s)ds = \int_{\infty}^{-\infty} x(t-u)y(u)(-1)du$$

$$= \int_{-\infty}^{\infty} y(u)x(t-u)du = (y*x)(t)$$

となるからです。結合法則 $(x*y)*z = x*(y*z)$ も成り立ちます（問題 6-47 参照）。

**例 7.1**

$$x(t) = \begin{cases} t & (0 \leq t \leq 1) \\ 0 & (t < 0\ \text{または}\ t > 1) \end{cases}$$

と

$$y(t) = \begin{cases} e^{-t} & (t \geq 0) \\ 0 & (t < 0) \end{cases}$$

に対して，畳込み $x*y$ を計算してみましょう。$x(t)$ は $[0,1]$ の外では 0 ですので

$$(x*y)(t) = \int_{-\infty}^{\infty} x(s)y(t-s)ds = \int_0^1 sy(t-s)ds$$

となります。$t < 0$ のときは，$0 \leq s \leq 1$ となる $s$ に対して，つねに，$t-s < 0$ が成り立ちます。このとき $y(t-s)$ は，0 になります。よって畳込みも 0 です。$0 \leq t \leq 1$ のときは

$$(x*y)(t) = \int_0^1 sy(t-s)ds = \int_0^t se^{-(t-s)}ds = e^{-t}\int_0^t se^s ds$$

$$= e^{-t}\left([se^s]_0^t - \int_0^t e^s ds\right) = e^{-t}\left(te^t - [e^s]_0^t\right) = e^{-t}(te^t - e^t + 1)$$
$$= t - 1 + e^{-t}$$

となります。$t > 1$ のときは，$0 \leqq s \leqq 1$ となる $s$ に対して，つねに $t - s \geqq 0$ が成り立つので

$$(x*y)(t) = \int_0^1 se^{-(t-s)}ds = e^{-t}\int_0^1 se^s ds = e^{-t}\left([se^s]_0^1 - \int_0^1 e^s ds\right)$$
$$= e^{-t}\left(e - [e^s]_0^1\right) = e^{-t}(e - (e-1)) = e^{-t}$$

となります。これらをまとめると，つぎのようになります。

$$(x*y)(t) = \begin{cases} e^{-t} & (t > 1) \\ t - 1 + e^{-t} & (0 \leqq t \leqq 1) \\ 0 & (t < 0) \end{cases}$$

畳込みとフーリエ変換はつぎのように関係しています。

**定理 7.5**　$x$, $y$ が可積分であるとき，以下の等式が成り立つ。

$$\widehat{x*y}(f) = \widehat{x}(f)\widehat{y}(f)$$

**証明**　$x$, $y$ がそれぞれ可積分であることから，$\widehat{x}(f)$, $\widehat{y}(f)$ はともに存在します。また，同じく $x$, $y$ は可積分ですので，$x(s)y(t-s)e^{-2\pi ift}$ は，$(s,t)$ の関数として可積分であることがわかります。よって，フビニ＝トネリの定理（定理 10.6）により，積分の順序交換ができて

$$\widehat{x*y}(f) = \int_{-\infty}^{\infty}(x*y)(t)e^{-2\pi ift}dt = \int_{-\infty}^{\infty}\left\{\int_{-\infty}^{\infty}x(s)y(t-s)ds\right\}e^{-2\pi ift}dt$$
$$= \int_{-\infty}^{\infty}x(s)\left\{\int_{-\infty}^{\infty}y(t-s)e^{-2\pi ift}dt\right\}ds$$
$$= \int_{-\infty}^{\infty}x(s)\left\{\int_{-\infty}^{\infty}y(t')e^{-2\pi if(t'+s)}dt'\right\}ds$$
$$= \int_{-\infty}^{\infty}x(s)e^{-2\pi ifs}ds\left\{\int_{-\infty}^{\infty}y(t')e^{-2\pi ift'}dt'\right\}$$
$$= \widehat{x}(f)\widehat{y}(f)$$

となります。三つ目の等号において，積分の順序交換をしました。□

畳込みは周期関数に対しても（もちろん）定義できます。周期関数に対する畳込みはフーリエ級数と関係しますので，ここで説明しておきましょう。

**定義 7.3**　$x(t)$, $y(t)$ は周期 $T$ を持つ周期関数とする。このとき

$$(x * y)(t) = \int_{-T/2}^{T/2} x(s)y(t-s)ds$$

を $x$ と $y$ の畳込みという。

---

　ここで，周期 $T$ を持つ周期関数 $x(t)$ の複素フーリエ級数部分和を畳込みを使って書き換えてみることにします。まず，複素フーリエ係数 $c_n$ は

$$c_n = \frac{1}{T} \int_{-T/2}^{T/2} x(s)e^{-2\pi i f_0 ns}ds$$

であったことを思い出しましょう。ここで $f_0$ は基本周波数です。これを使えば，複素フーリエ級数部分和 $S_N(t)$ は，つぎのように書き換えることができます。

$$S_N(t) = \sum_{n=-N}^{N} c_n e^{2\pi i f_0 nt} = \sum_{n=-N}^{N} \left\{ \frac{1}{T} \int_{-T/2}^{T/2} x(s)e^{-2\pi i f_0 ns}ds \right\} e^{2\pi i f_0 nt}$$

$$= \frac{1}{T} \int_{-T/2}^{T/2} x(s) \sum_{n=-N}^{N} e^{2\pi i f_0 n(t-s)}ds$$

被積分関数に現れた和を計算しましょう。

$$\sum_{n=-N}^{N} e^{in\theta} = 1 + \sum_{n=1}^{N} e^{in\theta} + \overline{\sum_{n=1}^{N} e^{in\theta}} = 1 + 2\mathrm{Re}\left( e^{i\theta} \frac{e^{iN\theta}-1}{e^{i\theta}-1} \right)$$

$$= 1 + 2\mathrm{Re}\left\{ \frac{e^{i(N+1/2)\theta} - e^{i\theta/2}}{e^{i\theta/2} - e^{-i\theta/2}} \right\} = 1 + \frac{2}{\sin\dfrac{\theta}{2}}\mathrm{Re}\left\{ \frac{e^{i(N+1/2)\theta} - e^{i\theta/2}}{2i} \right\}$$

$$= 1 + \frac{2}{\sin\dfrac{\theta}{2}} \cdot \frac{1}{2}\left\{ \sin\left(N+\frac{1}{2}\right)\theta - \sin\frac{\theta}{2} \right\} = \frac{\sin\left(N+\dfrac{1}{2}\right)\theta}{\sin\dfrac{\theta}{2}}$$

これを**ディリクレ核**（Dirichlet kernel）といいます。ここでは，$D_N(\theta)$ と書くことにしましょう。$D_{20}(\theta)$ のグラフを**図 7.1** に示します（グラフについては，問題 7-56 参照。ディリクレ核の基本的な性質については，問題 7-57 参照）。

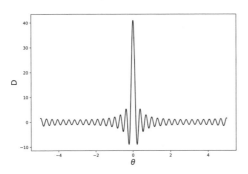

**図 7.1**　ディリクレ核（$N = 20$）

そうすると

$$S_N(t) = \frac{1}{T} \int_{-T/2}^{T/2} x(s) D_N(2\pi f_0(t-s)) ds$$

と書くことができます。これは，$x$ と $D_N(2\pi f_0 t)/T$ の畳込みになっています。この $N \to \infty$ の極限が（もし存在すれば）$x(t)$ のフーリエ級数展開になるわけです。

## 7.3　相互相関関数・自己相関関数

**定義 7.4**　$L^2$ 条件を満たす実数値関数 $x$，$y$ に対し

$$C_{xy}(\tau) = \int_{-\infty}^{\infty} x(t) y(t-\tau) dt$$

を $x$，$y$ の**相互相関関数**（crosscorrelation function）という。特に，$y = x$ に対するつぎの相互相関関数を $x$ の**自己相関関数**（autocorrelation function）という。

$$C_{xx}(\tau) = \int_{-\infty}^{\infty} x(t) x(t-\tau) dt$$

$x$，$y$ がともに $L^2$ 条件を満たすとき，相互相関関数が定義できます（つまり，存在して有限の値を取ります）。実際，シュヴァルツの不等式（定理 3.1）より

$$|C_{xy}(\tau)| \leq \int_{-\infty}^{\infty} |x(t) y(t-\tau)| dt \leq \left( \int_{-\infty}^{\infty} |x(t)|^2 dt \right)^{1/2} \left( \int_{-\infty}^{\infty} |y(t-\tau)|^2 dt \right)^{1/2}$$
$$= \|x\|_{L^2} \|y\|_{L^2}$$

となるからです。等号が成立するのは，$x(t)$ と $y(t-\tau)$ が一次従属の場合に限ります。これは，（$x(t)$，$y(t-\tau)$ のいずれも定数関数 0 でなければ）$y(t-\tau)$ が $x(t)$ の定数倍ということです。

相互相関関数は，信号 $x(t)$ と信号 $y(t)$ の時刻を $\tau$ だけずらした信号 $y(t-\tau)$ との内積です。これは，$x(t)$ と $y(t-\tau)$ の類似度を測っていると見ることができます。同様に，自己相関関数は，$x(t)$ と時刻を $\tau$ だけずらした信号 $x(t-\tau)$ との内積ですので，$x(t)$ と $x(t-\tau)$ の類似度を測っているわけです。自己相関関数の $\tau = 0$ における値 $C_{xx}(0)$ は，$x$ の $L^2$ ノルム（エネルギー）に一致します。

相互相関関数，自己相関関数の応用として，レーダやソナーがあります。レーダは電波，ソナーでは音波を発信し，その反射波を調べることによって，目標物体までの距離を測ります。例えばレーダでは，パルス状の電波 $x_1(t)$ を発信し，その反射波 $x_2(t)$ の相互相関関数を計算します。$x_1(t)$ と $x_2(t)$ の波形は類似のものとなり，反射した物体までの距離を $d$ とすれば，往復で 2 倍の距離を移動するのですから，$\tau_0 = 2d/c$（$c$ は光速）だけの時間遅れが生じるはずで

す。つまり，$C_{x_1x_2}(\tau)$ は，$\tau = \tau_0$ で最大値に近い値を取ることになるわけです。$\tau_0$ がわかれば，$\tau_0$ に光速を掛けて 2 で割れば，目標物体までの距離が計算できることになります。

$x$ と $y$ を入れ替えると，つぎのようになり，値が同じであることがわかります。

$$C_{yx}(\tau) = \int_{-\infty}^{\infty} y(t)x(t-\tau)dt = \int_{-\infty}^{\infty} x(s)y(s+\tau)ds = C_{xy}(-\tau)$$

ここで，$s = t - \tau$ と変数変換しました。特に，$C_{xx}(-\tau) = C_{xx}(\tau)$ が成り立ちます。

相互相関関数，自己相関関数は，無限区間の積分として定義されているので，$t$ を $t+\tau$ に置き換えてつぎのようにしても同じになります。

$$C_{xy}(\tau) = \int_{-\infty}^{\infty} x(t+\tau)y(t)dt, \quad C_{xx}(\tau) = \int_{-\infty}^{\infty} x(t+\tau)x(t)dt$$

$x(t) = 1 \ (0 \leq t < 1)$, $x(t) = 0$ (その他) と $y(t) = e^{-t} \ (t \geq 0)$, $y(t) = 0 \ (t < 0)$ の相互相関関数を計算してみましょう。$0 \leq \tau < 1$ のときは

$$C_{xy}(\tau) = \int_{\tau}^{1} e^{-(t-\tau)}dt = \left[-e^{-(t-\tau)}\right]_{\tau}^{1} = 1 - e^{-(1-\tau)}$$

となります。$\tau \geq 1$ のときは，$x(t), y(t-\tau)$ の 0 でない部分が重なり合いませんから，$C_{xy}(\tau) = 0$ となります。$\tau < 0$ のとき，$x(t), y(t-\tau)$ は，$[0, 1)$ で重なり合うので

$$C_{xy}(\tau) = \int_{0}^{1} e^{-(t-\tau)}dt = \left[-e^{-(t-\tau)}\right]_{0}^{1} = e^{\tau} - e^{\tau-1}$$

となります。これらを合わせればつぎのようになります。

$$C_{xy}(\tau) = \begin{cases} 0 & (1 \leq \tau) \\ 1 - e^{-(1-\tau)} & (0 \leq \tau < 1) \\ e^{\tau} - e^{\tau-1} & (\tau < 0) \end{cases}$$

$x(t) = e^{-at^2} (a > 0)$ の自己相関関数は，つぎのように計算できます。

$$\begin{aligned} C_{xx}(\tau) &= \int_{-\infty}^{\infty} e^{-at^2} e^{-a(t-\tau)^2}dt = \int_{-\infty}^{\infty} e^{-a(2t^2-2\tau t+\tau^2)}dt \\ &= \int_{-\infty}^{\infty} e^{-2a\left(t-\frac{\tau}{2}\right)^2 - \frac{a\tau^2}{2}}dt = e^{-\frac{a\tau^2}{2}} \int_{-\infty}^{\infty} e^{-2a\left(t-\frac{\tau}{2}\right)^2}dt \\ &= e^{-\frac{a\tau^2}{2}} \int_{-\infty}^{\infty} e^{-2at^2}dt = \sqrt{\frac{\pi}{2a}} e^{-\frac{a\tau^2}{2}} \end{aligned}$$

**定理 7.6（ウィーナー＝ヒンチンの定理）** 実数値関数 $x$ が可積分かつ $L^2$ 条件を満たすとする。$x$ の自己相関関数 $S_{xx}(\tau)$ が可積分のとき

$$|\widehat{x}(f)|^2 = \int_{-\infty}^{\infty} S_{xx}(\tau)e^{-2\pi i f\tau}d\tau$$

となる。すなわち，自己相関関数のフーリエ変換はパワースペクトルに一致する。

---

**証明**

$$\int_{-\infty}^{\infty} S_{xx}(\tau)e^{-2\pi i f\tau}d\tau = \int_{-\infty}^{\infty}\left\{\int_{-\infty}^{\infty} x(t)x(t-\tau)dt\right\}e^{-2\pi i f\tau}d\tau \tag{7.8}$$

式 (7.8) の右辺において，$(t,\tau)$ の関数として，$x(t)x(t-\tau)e^{-2\pi i f\tau}$ は可積分です。実際，被積分関数の絶対値については（無限大になることも含めて）積分の順序交換ができますが，$x$ は可積分ですので

$$\int_{-\infty}^{\infty}\int_{-\infty}^{\infty}|x(t)x(t-\tau)|dtd\tau = \int_{-\infty}^{\infty}|x(t)|\left\{\int_{-\infty}^{\infty}|x(t-\tau)|d\tau\right\}dt$$
$$= \int_{-\infty}^{\infty}|x(t)|\|x\|_{L^1}dt = \|x\|_{L^1}^2 < \infty$$

となって有限であることがわかります。よって，フビニ＝トネリの定理（定理 10.6）により，積分の順序交換をすることができて以下の式が成り立つことがわかります（ここで一つ目の等号から二つ目の等号に変形する際に，$t-\tau=s$ とおきました）。

$$\int_{-\infty}^{\infty}\left(\int_{-\infty}^{\infty} x(t)x(t-\tau)dt\right)e^{-2\pi i f\tau}d\tau = \int_{-\infty}^{\infty} x(t)\left\{\int_{-\infty}^{\infty} x(t-\tau)e^{-2\pi i f\tau}d\tau\right\}dt$$
$$= \int_{-\infty}^{\infty} x(t)\left\{\int_{-\infty}^{\infty} x(s)e^{-2\pi i f(t-s)}ds\right\}dt$$
$$= \int_{-\infty}^{\infty} x(t)e^{-2\pi i ft}\left\{\int_{-\infty}^{\infty} x(s)e^{2\pi i fs}ds\right\}dt$$
$$= \int_{-\infty}^{\infty} x(t)e^{-2\pi i ft}\overline{\left\{\int_{-\infty}^{\infty} x(s)e^{-2\pi i fs}ds\right\}}dt$$
$$= \int_{-\infty}^{\infty} x(t)e^{-2\pi i ft}\overline{\widehat{x}(f)}dt = \overline{\widehat{x}(f)}\int_{-\infty}^{\infty} x(t)e^{-2\pi i ft}dt$$
$$= |\widehat{x}(f)|^2 \qquad\qquad \square$$

## 7.4  フーリエ変換の減衰オーダと滑らかさ

リーマン＝ルベーグの補題（定理 6.2）より，$x(t)$ が可積分であれば

$$\lim_{f\to\pm\infty}\widehat{x}(f) = 0 \tag{7.9}$$

が成り立ちますが，これは 0 に収束するということを主張しているだけで，$x$ の滑らかさと減衰オーダとの関係まではわかりません。複素フーリエ級数で学習したように，この減衰オーダは，$x(t)$ の滑らかさ（微分可能性）で決まります。

可積分な関数 $x$ が微分可能で，$x'$ も可積分であるとしましょう。さらに話を簡単にするため，$\lim_{t\to\pm\infty} x(t) = 0$ と仮定しておきます。このとき，$x'$ のフーリエ変換は

$$\widehat{x'}(f) = \int_{-\infty}^{\infty} x'(t)e^{-2\pi i ft}dt = \left[x(t)e^{-2\pi i ft}\right]_{-\infty}^{\infty} - (-2\pi i f)\int_{-\infty}^{\infty} x(t)e^{-2\pi i ft}dt$$

$$= 2\pi i f \widehat{x}(f)$$

となります。つまり、時間領域における微分は周波数領域においては、$2\pi i f$ を掛けるという操作に対応しているわけです。同様に、$x^{(k)}$ が可積分のとき、そのフーリエ変換は

$$\widehat{x^{(k)}}(f) = (2\pi i f)^k \widehat{x}(f)$$

となります。$(2\pi i f)^k \widehat{x}(f)$ が可積分であるという条件には、例えば、$\alpha > 1 + k$ に対し、$f$ によらない定数 $C_\alpha > 0$ が存在して、以下の式が成り立つというものがあります。

$$|\widehat{x}(f)| \leq C_\alpha (1 + |f|)^{-\alpha} \tag{7.10}$$

つまり、$\widehat{x}(f)$ が速く減衰することは、$x$ の滑らかさが上がることに対応しているわけです。

逆に、$(2\pi i f)^k \widehat{x}(f)$ が可積分であれば、フーリエ逆変換の公式より

$$x^{(k)}(t) = \frac{1}{2\pi} \int_{-\infty}^{\infty} (2\pi i f)^k \widehat{x}(f) e^{2\pi i t f} df$$

となります。例えば、条件 (7.10) が成り立つとき、$x^{(k)}(t)$ は上記のように書けるのです。つまり、$x$ のフーリエ変換 $\widehat{x}(f)$ の減衰オーダが上がれば、$x$ の滑らかさも上がるのです。

———————— 章 末 問 題 ————————

問題 7-47 （数学）　$x, y, z$ が可積分関数のとき、畳込みの結合法則 $(x*y)*z = x*(y*z)$ を証明してください。ただし、等号は、ほとんどいたるところ等しいという意味だとします（10 章参照）。

問題 7-48 （数学）　つぎの関数 $x, y$ の畳込み $x*y$ を求めてください。

$$x(t) = \begin{cases} e^{-t} & (t \geq 0) \\ 0 & (t < 0) \end{cases}$$

$$y(t) = \begin{cases} 0 & (t \geq 0) \\ e^t & (t < 0) \end{cases}$$

問題 7-49 （数学）

$$w(t) = \begin{cases} \dfrac{1}{T} & (|t| \leq T/2) \\ 0 & (その他) \end{cases}$$

に対し、可積分な関数 $\varphi(t)$ との畳込みがつぎのように表されることを示してください。

$$(w*\varphi)(t) = \frac{1}{T} \int_{t-T/2}^{t+T/2} \varphi(s) ds$$

問題 7-50 （数学）　極化恒等式 (7.3) を証明してください。

問題 7-51 （**数学**）　$x(t) = e^{-2\pi a|t|}$ のフーリエ変換が

$$\widehat{x}(f) = \frac{1}{\pi}\frac{a}{a^2 + f^2}$$

であることとパーセバルの等式（定理 7.2）を利用して，つぎの積分を計算してください。

$$\int_{-\infty}^{\infty}\frac{df}{(a^2 + f^2)^2}$$

問題 7-52 （**数学**）　$a > 0$ を実数の定数とするとき，$x(t) = te^{-a^2t^2/2}$ のフーリエ変換を求めてください。

[ヒント]　$x(t) = \left(-\dfrac{e^{-a^2t^2/2}}{a^2}\right)'$ を利用してみるとよいでしょう。

問題 7-53 （**数学**）　問題 6-44 とパーセバルの等式（定理 7.2）を利用して，つぎの積分の値を求めてください。

$$\int_{-\infty}^{\infty}\mathrm{sinc}^4 t\,dt, \quad \int_{-\infty}^{\infty}\left(\frac{\sin x}{x}\right)^4 dx$$

問題 7-54 （**数学**）　プランシェレルの定理（定理 7.2）を使って，つぎの等式を証明してください。ただし，$a > 0$, $b > 0$ とします。

$$\int_{-\infty}^{\infty} e^{-(a^2t^2/2 + 2\pi b|t|)}dt = \sqrt{\frac{2}{\pi}}\frac{b}{a}\int_{-\infty}^{\infty}\frac{e^{-\frac{2\pi^2 f^2}{a^2}}}{b^2 + f^2}df$$

問題 7-55 （**数学**）　$a > 0$ としたとき，つぎの関数に対し，畳込み $x * x$ を求めてください。

$$x(t) = \begin{cases} 1 & (|t| \leqq a) \\ 0 & (その他) \end{cases}$$

問題 7-56 （**Python**）　図 7.1 を描くプログラムを作成してください。ここで，ギリシャ文字のラベル $\theta$ はつぎのように表現されることを利用してください。

```
r'$\theta$'
```

問題 7-57 （**数学**）

$$D_N(\theta) = \sum_{n=-N}^{N} e^{iN\theta}$$

であることを用いて，つぎの積分の値を求めてください。

$$\int_{-\pi}^{\pi} D_N(\theta)d\theta$$

# 8

# Python で FFT

計算機で連続信号 $x(t)$ を扱うときには，信号はアナログのままというわけにいかず，適当な時間間隔 $\Delta t$ でサンプリングした値 $x(n\Delta t)$（$n$ は整数）を使うことになります。これは，ディジタルデータ，つまり，離散的なデータであり，もとの信号の情報をすべて持っているわけではありません。しかし，一定の条件のもとで，サンプリングした信号はもとの信号のよい近似となることがわかっています。ここでは，サンプリング定理から出発して，フーリエ変換の離散版である離散フーリエ変換，離散フーリエ逆変換の公式を説明し，Python の numpy ライブラリの fft 関数を使って信号から周波数成分を取り出すところまでやってみることにしましょう。

## 8.1　サンプリング定理

**定義 8.1**　実数値関数 $x(t)$ が周波数帯域 $[-f_N, f_N]$（$f_N > 0$）に**帯域制限**（bandlimited）されているとは，そのフーリエ変換 $\hat{x}(f)$ が $|f| > f_N$ で $0$ になることである。

工学上，帯域制限された信号は自然な概念です。ディジタルオシロスコープなどを使って得られる信号波形は，帯域制限されたものです。このような信号データを扱う際にはつぎの**サンプリング定理**（**標本化定理**，sampling theorem）が基本です[†]。

**定理 8.1（サンプリング定理）**　周波数帯域が $[-f_N, f_N]$ に制限されている $L^2$ 条件を満たす実数値関数 $x$ が，$\Delta t = \dfrac{1}{2f_N}$ に対し，$t_n = n\Delta t$ とおいたとき

$$\sum_{n=-\infty}^{\infty} |x(t_n)| < \infty$$

を満たせば，つぎの関係が成立する。

$$x(t) = \sum_{n=-\infty}^{\infty} x(t_n) \operatorname{sinc}\{2f_N(t - t_n)\}$$

---

[†]　以下の定式化は，Daubechies[4] を参考にしました。

証明 $x$ は $L^2$ 条件を満たしますから，$L^2$ の意味でフーリエ変換

$$\widehat{x}(f) = \int_{-\infty}^{\infty} x(t)e^{-2\pi i f t}dt$$

が存在します。帯域制限の仮定より $\widehat{x}(f)$ は区間 $[-f_N, f_N]$ の外では 0 になります。したがって，$\widehat{x}(f)$ は $[-f_N, f_N]$ の関数として，$L^2$ 条件を満たしています。よって，これを周期 $2f_N$ の周期関数に拡張することによって，複素フーリエ級数に展開できます。基本周期は，$\dfrac{1}{2f_N} = \Delta t$ ですので

$$\widehat{x}(f) = \sum_{n=-\infty}^{\infty} c_n e^{-2\pi i t_n f}$$

と書けます（ここでは後の議論で都合がよいように符号を逆に取ってありますが，これは本質的なことではありません）。フーリエ係数は，$\phi_n(f) = e^{-2\pi i t_n f}$ として

$$c_n = \langle \widehat{x}, \phi_n \rangle = \frac{1}{2f_N} \int_{-f_N}^{f_N} \widehat{x}(f)e^{2\pi i t_n f}df \tag{8.1}$$

が成り立ちます[†1]。式 (8.1) を実軸全体の積分に拡張してフーリエ逆変換の公式（定理 6.1）を用いれば

$$c_n = \frac{1}{2f_N} \int_{-\infty}^{\infty} \widehat{x}(f)e^{2\pi i t_n f}df = \frac{1}{2f_N}x(t_n)$$

を得ます。仮定より

$$\sum_{n=-\infty}^{\infty} |c_n| = \frac{1}{2f_N} \sum_{n=-\infty}^{\infty} |x(t_n)| < \infty \tag{8.2}$$

が成り立ちます。再びフーリエ逆変換の公式を用い，式 (8.2) より和と積分の順序が交換できることを利用して，$x(t)$ をつぎのように表すことができます。

$$\begin{aligned}
x(t) &= \int_{-\infty}^{\infty} \widehat{x}(f)e^{2\pi i t f}df = \int_{-f_N}^{f_N} \left( \sum_{n=-\infty}^{\infty} c_n e^{-2\pi i t_n f} \right) e^{2\pi i t f}df \\
&= \sum_{n=-\infty}^{\infty} c_n \int_{-f_N}^{f_N} e^{-2\pi i t_n f} e^{2\pi i t f}df = \sum_{n=-\infty}^{\infty} c_n \left[ \frac{e^{2\pi i (t-t_n)f}}{2\pi i(t-t_n)} \right]_{-f_N}^{f_N} \\
&= \sum_{n=-\infty}^{\infty} c_n \frac{\sin\{2\pi f_N(t-t_n)\}}{\pi(t-t_n)} = \sum_{n=-\infty}^{\infty} \frac{1}{2f_N}x(t_n)\frac{\sin\{2\pi f_N(t-t_n)\}}{\pi(t-t_n)} \\
&= \sum_{n=-\infty}^{\infty} x(t_n)\mathrm{sinc}\{2f_N(t-t_n)\} \qquad\qquad\qquad\qquad \square
\end{aligned}$$

$f_N$ は**ナイキスト周波数**（Nyquist frequency），$f_s = 2f_N$ は**サンプリング周波数**（sampling frequency）と呼ばれます[†2]。サンプリング定理によれば，100 Hz でサンプリングされた信号のナイキスト周波数は 50 Hz ですから，50 Hz 以下の周波数の信号のみで構成されている信号は完全に復元できることになります。逆にいうと，例えばもとの信号が 60 Hz の周波数を含ん

---

[†1] パーセバルの等式（定理 5.1）より，$\sum_{n=-\infty}^{\infty} |c_n|^2 = \|\widehat{x}\|^2 < \infty$ が成り立ちますが，この条件だけでは，$\sum_{n=-\infty}^{\infty} |c_n| < \infty$ を導くことはできません。

[†2] ハリー・ナイキスト（Harry Nyquist）は，スウェーデン生まれの物理学者です。

でいたらその信号は完全には復元できません。サンプリング定理をサンプリング周波数で書けば，式 (8.3) の形になります。

$$x(t) = \sum_{n=-\infty}^{\infty} x(t_n)\text{sinc}\left\{f_s(t - t_n)\right\} \tag{8.3}$$

サンプリング定理は奇妙な定理に思えるかもしれません。というのは，$x(t)$ が飛び飛びの値 $x(t_n)$ だけで決まるという主張だからです。少し大雑把な話ですが，あらゆる周波数を考えてよければ，どんな関数でも表現できるわけです。しかし，サンプリング定理の仮定によると，$x(t)$ は $[-f_N, f_N]$ に帯域制限されていますから，$[-f_N, f_N]$ に含まれる周波数の波「だけ」で構成されているわけです。$x(t_n)$ と $x(t_{n+1})$ をつなぐには無数の曲線があるように思われますが，そのような自由度を持つためにはより高い周波数成分が必要なのです。帯域制限の仮定より，それは含まれていません。これがサンプリング定理が成り立つからくりです。

サンプリング定理を周波数 1 の信号 $x(t) = \sin(2\pi t)$ に適用してみましょう。無限に伸ばせば可積分ではなくなってしまいますが，ここでは一周期分だけカットしたものを考えて，サンプリング定理の sinc 関数の部分和を表示してみましょう。この例では，$t_n = n/4$ $(n = 0, 1, \cdots, 4)$ の 5 点です（負の値は考慮していません）。リスト **8.1** を実行してみてください。

——————————————— リスト **8.1**（SamplingTheorem.py）———————————————

```
1  import numpy as np
2  import matplotlib.pyplot as plt
3
4  PI = np.pi
5  fs = 4 # sampling frequency = 2*NyquistFreq
6  time = np.linspace(0, 1, 100)
7
8  def SF(time):
9      ps = 0 # initialize
10     t = np.linspace(0, 1, fs+1) # sampling points
11     for k in range(0,len(t)):
12         ps += np.sin(2*PI*t[k])*np.sinc(fs*(time-t[k]))
13     return ps
14
15 plt.plot(time,SF(time))
16 plt.plot(time,np.sin(2*PI*time))
17 plt.xlabel("time")
18 plt.ylabel("signal & partial sum")
```

このプログラムを実行すると，**図 8.1** が表示されるはずです。横軸は時刻，縦軸は各時刻における信号の値を表しています。

リスト 8.1 で何をやっているかを簡単に説明します。5 行目の `fs` はサンプリング周波数 $f_s$（ナイキスト周波数 $f_N$ の 2 倍）で，ここでは 4 としています。一周期分なので $f_s + 1 = 5$ 個の点でサンプリングされます。6 行目の `time = np.linspace(0, 1, 100)` では，0 から 1 の区間（ちょうど一周期とした）を 100 等分しています。8 行目の関数 `SF`（サンプリング定理に現れる sinc 関数の和）において，サンプリングした点における値を用いて sinc 関数の和を計

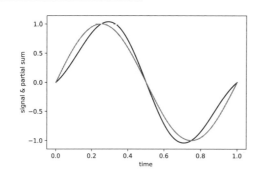

図 **8.1**　周波数 1 の信号と
　　　サンプリング定理

算しています。ただし，有限和です（ここでは，サンプル点の個数 $(= f_s + 1)$ だけ足していま
す）ので，当然もとの信号に完全に一致するわけではありませんが，近似の様子はわかるかと
思います（問題 8-59 参照）。

　サンプリング定理について理解したところで，ディジタル信号処理の基本的な考え方を説明
しましょう。図 **8.2** のように，生のアナログ信号は，アンチエリアシングフィルタにかけます。
アンチエリアシングフィルタとは，ナイキスト周波数よりも高い周波数は（ほとんど）通過させ
ないためのものです。エリアシングという言葉の意味は後ほど説明します。単にフィルタ，
あるいはローパスフィルタと呼ばれることもあります。ここはアナログで処理する必要があり
ます。ナイキスト周波数よりも高い周波数を通過させないことは，サンプリング定理が正しく
機能する前提になります。その後，サンプリングして，アナログ信号をディジタル信号に変換
し，得られたディジタル信号に対して窓関数を掛ける処理をしてから離散フーリエ変換（DFT）
に掛け，結果を周波数解析するのです。アンチエリアシングフィルタについてはアナログ回路
の話ですので，以下では，窓関数と離散フーリエ変換について説明します。話の都合で，先に
離散フーリエ変換について説明し，その後，窓関数について説明します。

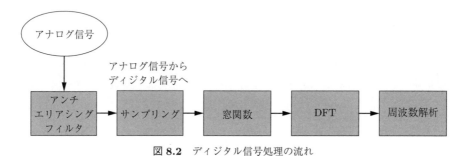

図 **8.2**　ディジタル信号処理の流れ

## 8.2　離散フーリエ変換

　計算機で信号を扱う場合，データは離散的な値になります。信号の値 $x(t_0), x(t_1), \cdots , x(t_{N-1})$
を $x[0], x[1], \cdots , x[N-1]$ のように書くことにしましょう。$x[0], x[1], \cdots , x[N-1]$ は単に数

列と思っても問題ありません。この離散フーリエ変換（DFT, discrete Fourier transform）は

$$\widehat{x}[k] = \sum_{n=0}^{N-1} x[n]e^{-\frac{2\pi i k n}{N}} \tag{8.4}$$

で定義されます[†1]。これは，$x[0], x[1], \cdots, x[N-1]$ が周期的に繰り返される信号の周波数成分を取り出すのに使えるはずです。以下，$x$ は周期 $N$ の周期列とします。つまり，例えば，$x[N+3] = x[3]$, $x[-2] = x[N-2]$ のようになります。サンプリング定理に忠実であろうとすると無限和にしないといけませんが，現実には $N$ が無限になることはないので，有限和と考えます。

　ここで，$k$ は周波数そのものではありません。ここでは周波数番号と呼んでおきましょう。サンプリング周波数 $f_s$, $N$, $k$ と $f_k$ は

$$f_k = \frac{k}{N} f_s \tag{8.5}$$

という関係で結ばれています。実際の周波数を計算する際には，式 (8.5) に立ち戻って考えましょう。なお，離散フーリエ変換は，略語で，DFT と表現されます。本書でもしばしば DFT と略して表現します。式 (8.4) は有限和ですから，フーリエ変換と同じものではありませんが，適当な条件下でフーリエ変換の近似になっています[†2]。後ほど詳しく説明します。ここで

$$\langle x, y \rangle = \sum_{n=0}^{N-1} x[n]\overline{y[n]}$$

という内積を導入すれば，$n$ の関数 $\phi_k[n] = \frac{1}{\sqrt{N}}e^{-\frac{2\pi i k n}{N}}$ $(k = 0, 1, \cdots, N-1)$ は正規直交系をなします。$W = e^{-\frac{2\pi i}{N}}$ とおけば，$W^N = 1$ なので，$\phi_k[n] = \frac{1}{\sqrt{N}}W^{kn}$ と書くことができることに注意しましょう。また

$$\sum_{k=0}^{N-1} e^{-\frac{2\pi i k n}{N}} = 1 + W^n + \cdots + W^{n(N-1)} = N\delta_{n0} \quad (|n| < N) \tag{8.6}$$

が成り立つこともわかります。式 (8.6) を確かめるのは簡単です。$n = 0$ のときは，$1$ を $N$ 個足したものですから $N$ になります。一方，$n \neq 0$ のときは

$$0 = (W^n)^N - 1 = (W^n - 1)(1 + W^n + \cdots + (W^n)^{N-1})$$

となりますが，$0 < |n| < N$ の範囲の $n$ に対しては，$n$ が $N$ の倍数になることはないので，

---

[†1] DFT の定義は何通りかあります（補足 8.1 参照）が，numpy ライブラリにおける fft 関数の定義は式 (8.4) のようになっています。

[†2] 多くの信号処理の教科書では，積分の収束の議論などは十分厳密ではありませんが，大きな問題が起きていません。これは，最終的に使われるのが DFT であり，DFT は有限和で定義されているからです。有限和については，和の取り方（順番）はどうやっても一緒ですし，極限操作と和の順序交換もいつでもできますので，あまり神経質になる必要はありません。しかし，DFT はあくまで連続のフーリエ変換の近似概念です。連続フーリエ変換が厳密に整備されているため安心して使えるのです。

$W^n - 1 \neq 0$ です。よって

$$1 + W^n + \cdots + (W^n)^{N-1} = 0$$

となります。よって以下の式が得られます。

$$\langle \phi_\ell, \phi_m \rangle = \sum_{k=0}^{N-1} \phi_\ell[k]\overline{\phi_m[k]} = \frac{1}{N}\sum_{k=0}^{N-1} e^{-\frac{2\pi ik\ell}{N}}\overline{e^{-\frac{2\pi ikm}{N}}} = \frac{1}{N}\sum_{k=0}^{N-1} e^{-\frac{2\pi ik\ell}{N}} e^{\frac{2\pi ikm}{N}}$$

$$= \frac{1}{N}\sum_{k=0}^{N-1} e^{-\frac{2\pi ik(\ell-m)}{N}} = \frac{1}{N}\sum_{k=0}^{N-1} W^{(m-\ell)k} = \delta_{\ell m}$$

---

**定理 8.2**（離散フーリエ逆変換の公式）

$$x[n] = \frac{1}{N}\sum_{k=0}^{N-1} \widehat{x}[k]e^{\frac{2\pi ink}{N}}$$

---

【証明】　DFT の式を書き換えると

$$\widehat{x}[k] = \sum_{n=0}^{N-1} x[n]e^{-\frac{2\pi ikn}{N}} = \sqrt{N}\sum_{n=0}^{N-1} x[n]\phi_k[n] \tag{8.7}$$

となります。式 (8.7) において，$\phi_k[n] = \phi_n[k]$ に注意して $\phi_n$ との内積を求めると

$$\langle \widehat{x}, \phi_n \rangle = \sum_{k=0}^{N-1}\left(\sqrt{N}\sum_{m=0}^{N-1}x[m]\phi_k[m]\right)\overline{\phi_n[k]} = \sqrt{N}\sum_{m=0}^{N-1}\sum_{k=0}^{N-1}x[m]\phi_k[m]\overline{\phi_n[k]}$$

$$= \sqrt{N}\sum_{m=0}^{N-1}x[m]\sum_{k=0}^{N-1}\phi_m[k]\overline{\phi_n[k]} = \sqrt{N}\sum_{m=0}^{N-1}x[m]\langle\phi_m, \phi_n\rangle = \sqrt{N}x[n]$$

となりますのでつぎのようになることがわかります。

$$x[n] = \frac{1}{\sqrt{N}}\langle\widehat{x}, \phi_n\rangle = \frac{1}{\sqrt{N}}\sum_{k=0}^{N-1}\widehat{x}[k]\overline{\phi_n[k]} = \frac{1}{N}\sum_{k=0}^{N-1}\widehat{x}[k]e^{\frac{2\pi ink}{N}} \qquad \square$$

───────── **補足 8.1**　　DFT の別の定義 ─────────

DFT を

$$\widehat{x}[k] = \frac{1}{N}\sum_{n=0}^{N-1} x[n]e^{-\frac{2\pi ikn}{N}}$$

と定義する流儀もあります。この場合，離散フーリエ逆変換の公式は

$$x[n] = \sum_{k=0}^{N-1} \widehat{x}[k]e^{\frac{2\pi ink}{N}}$$

となります。ほかにも

$$\widehat{x}[k] = \frac{1}{\sqrt{N}} \sum_{n=0}^{N-1} x[n] e^{-\frac{2\pi i k n}{N}}$$

と定義されることもあります。この場合，離散フーリエ逆変換の公式は

$$x[n] = \frac{1}{\sqrt{N}} \sum_{k=0}^{N-1} \widehat{x}[k] e^{\frac{2\pi i n k}{N}}$$

となって，DFT と離散フーリエ逆変換の係数が同じになるという利点があります。フーリエ解析，信号処理の教科書には種々の流儀があるので定義をよく確認しておきましょう。

　サンプリング定理と DFT によれば，ナイキスト周波数以下の周波数だけを含む信号 $x[n]$（時間領域）をフーリエ変換 $\widehat{x}[k]$（周波数領域）に変換する処理も，周波数領域のデータを時間領域の信号に変換する処理も，有限個の数字の列を変換するだけです。計算機で信号を自由に操ることができるようになったわけです。

## 8.3　Python を使って周波数情報を取り出す

　Python を利用して人工的な信号を作って，その信号に含まれる周波数成分を取り出してみましょう。計算機で DFT を行う場合，高速フーリエ変換（FFT, fast Fourier transform）というアルゴリズムを使いますが，その説明は 8.4 節で行うことにして，Python で信号の振幅スペクトルが求まることや，ナイキスト周波数の意味などを確認しておくことにしましょう。

　ここでは，演習用の人工的な信号として

$$x(t) = A_1 \sin(2\pi f_1 t) + A_2 \sin(2\pi f_2 t) + A_3 \sin(2\pi f_3 t) \tag{8.8}$$

を考えます。式 (8.8) は，振幅がそれぞれ $A_1$, $A_2$, $A_3$，周波数がそれぞれ $f_1$, $f_2$, $f_3$ であるようなサインカーブを足し合わせてできる信号です。式 (8.8) において，周波数を $f_1 = 10\,\mathrm{Hz}$, $f_2 = 20\,\mathrm{Hz}$, $f_3 = 40\,\mathrm{Hz}$ とし，振幅を $A_1 = 1$, $A_2 = 0.5$, $A_3 = 0.8$ とした信号波形を描いたのが図 **8.3** になります。

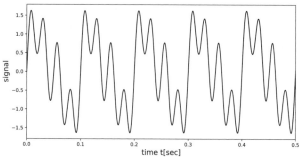

図 **8.3**　もとの波形 $x(t)$

この信号をサンプリングして FFT に掛け，振幅スペクトルを計算するのがリスト **8.2** です。

――――――― リスト **8.2**（FFTsimple.py）―――――――

```python
import numpy as np
import matplotlib.pyplot as plt
N = 2**8 # Number of sample points
fs = 100 # sampling frequency[Hz]
T = 1/fs # Sampling period[sec]
PI = np.pi
# Frequencies[Hz]
f1 = 10; f2 = 20; f3 = 40
# Amplitudes
A1 = 1; A2 = 0.5; A3 = 0.8
# time
t = np.arange(0, N*T, T)
# signal
x = A1*np.sin(2*PI*f1*t)+A2*np.sin(2*PI*f2*t)+A3*np.sin(2*PI*f3*t)

fig = plt.figure(figsize=(10, 5))
plt.xlabel('time t[sec]', fontsize=15)
plt.ylabel('signal', fontsize=15)
plt.xlim(0, 0.5)
plt.plot(t, x)

# FFT
F = np.fft.fft(x)

# amplifier
amp = 2*np.abs(F)/N
# frequency
freq = np.linspace(0, fs, N)

fig = plt.figure(figsize=(10, 5))
plt.xlabel('frequency f[Hz]', fontsize=15)
plt.ylabel('amplitude spectrum', fontsize=15)
plt.plot(freq, amp)
#plt.plot(freq[:int(N/2)+1], amp[:int(N/2)+1])
plt.show()
```

信号を生成しているのは，以下のリスト 8.2 の 11 行目から 14 行目の部分です。

```python
# time
t = np.arange(0, N*T, T)
# signal
x = A1*np.sin(2*PI*f1*t)+A2*np.sin(2*PI*f2*t)+A3*np.sin(2*PI*f3*t)
```

サンプリング周期 $\Delta t$ は，ここでは，$T$ と書かれており，$T = 1/f_s$ で計算しています。ここでは，numpy の arange 関数を用いて，0 から $NT$ までを $T$ 間隔で区切って，離散的な時間 $t$ の列を得ています。もちろん，$t$ の配列の長さは，$NT/T = N$ です。$x$ の長さは，$t$ の長さと同じなので，上記の処理で x[0] から x[N-1] が得られます。

この信号を正しく FFT 処理するには，ナイキスト周波数を 40 Hz 以上に取らなければいけません。この例では，ナイキスト周波数を 50 Hz とします。つまり，サンプリング周波数 fs は，

100 Hz になります。

```
# frequency
freq = np.linspace(0, fs, N)
```

上記のリスト 8.2 の 27 行目と 28 行目では，式 (8.5) に従って，$0$ から $f_s$ までを $N$ 等分した周波数列を作っています。式 (8.8) を DFT したときに期待されるのは，$f_1$，$f_2$，$f_3$ にピークがあるような振幅スペクトルです。FFT は，numpy ライブラリをインポートすることによって使えるようになります。FFT では，標本点の個数 $N$ は 2 のべきに取る必要があります（その理由は 8.4 節で説明します。ここではそういうものだと思って読み進めてください）。ここに示したプログラム例では，$N = 256 = 2^8$ としました。

プログラムを実行すると，**図 8.4** と**図 8.5** が表示されます。図 8.4 が図 8.3 のオリジナルの波形をサンプリングした波形です。オリジナルの波形と比べてギザギザしていることがわかるでしょう（二枚の画像が生成されるのでプロットペインをよく見てください）。

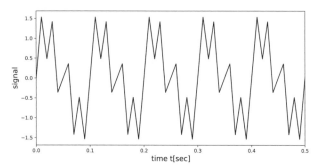

図 8.4 サンプリングされた信号 $x(t)$

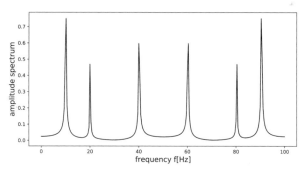

図 8.5 振幅スペクトル（$2/N$ 倍したもの）

このギザギザした波形を DFT に掛けて振幅スペクトルとしたものが図 8.5 になります。ただし，ここでは，値を $2/N$ 倍しています。図 8.5 を見ると，ナイキスト周波数 $f_N = f_s/2 = 100/2 = 50$〔Hz〕を中心として，左右対称になっていることがわかります。この現象が起きることには数学的な理由があります。$x[n]$ は実数でしたので

$$\hat{x}[N-k] = \sum_{n=0}^{N-1} x[n] e^{-\frac{2\pi i (N-k)n}{N}} = \sum_{n=0}^{N-1} x[n] e^{-2n\pi i + \frac{2\pi i k n}{N}}$$

$$= \sum_{n=0}^{N-1} x[n] e^{\frac{2\pi ikn}{N}} = \overline{\sum_{n=0}^{N-1} x[n] e^{-\frac{2\pi ikn}{N}}} = \overline{\widehat{x}[k]}$$

となって，$\widehat{x}[N-k] = \overline{\widehat{x}[k]}$ となり，絶対値が等しくなるためです。これは，$\widehat{x}[N-k] = \widehat{x}[-k]$ であることに注意すると，複素フーリエ級数において，$c_{-n} = \overline{c_n}$ であったことに対応していることがわかります。

つまり，ナイキスト周波数から先のデータは不要なのです。そこで，これをナイキスト周波数までで止めたものが図 **8.6** です。この図を表示するには，リスト 8.2 の 33 行目をコメントアウトし，34 行目のコメントアウトを外して以下のようにすれば大丈夫です。

```
# plt.plot(freq, amp)
plt.plot(freq[:int(N/2)+1], amp[:int(N/2)+1])
```

これはいかにも原始的な書き方ですが，説明のためにわざとこのように書いています。

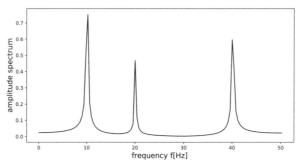

図 **8.6** FFT の結果（ナイキスト周波数まで）

ここで，$f_3 = 70\,\mathrm{Hz}$ としてみましょう。リスト 8.2 の 7, 8 行目を以下のように一部修正してください。

```
# Frequencies[Hz]
f1 = 10; f2 = 20; f3 = 70
```

こうして得られる振幅スペクトルは，図 **8.7** のようになるはずです。本来は存在しないはずの 30 Hz のところにピークがあることがわかるでしょう。このような現象をエリアシング

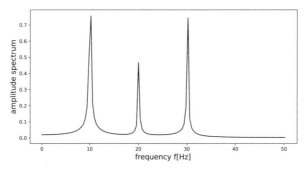

図 **8.7** ナイキスト周波数よりも高い周波数（70 Hz）の
波が含まれている場合

(aliasing) といいます。

また，$f_3 = 60\,\mathrm{Hz}$ としたものが図 **8.8** になります。今度は $40\,\mathrm{Hz}$ のところにピークがありま
す。お気づきのように，サンプリング周波数で折り返され，$100 - 60 = 40\,\mathrm{Hz}$ のところにピー
クが現れたのです。図 8.7 では，$100 - 70 = 30\,\mathrm{Hz}$ のところにピークが出ています。このよう
にナイキスト周波数で折り返された位置にピークが出てくるため，エリアシングは「折返し」，
「折返し雑音」とも呼ばれます。

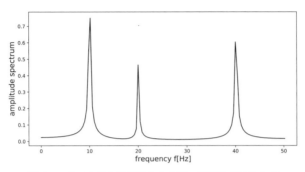

図 **8.8** ナイキスト周波数よりも高い周波数（$60\,\mathrm{Hz}$）の
波が含まれている場合

リスト 8.2 の 23 行目にあるつぎの部分が FFT を行う部分です。

```
F = np.fft.fft(x) # FFT
```

行っている処理は複雑なのですが，ここでは気にする必要はありません。`np.fft.fft()` が全
部やってくれるからです。F の中身を見ると，つぎのようになっています。

```
array([ 3.65891756e+00+0.00000000e+00j,  3.66346444e+00+3.65102490e-02j,
        3.67718673e+00+7.33462258e-02j,  3.70033311e+00+1.10843978e-01j,
        3.73333095e+00+1.49360878e-01j,  3.77680683e+00+1.89288067e-01j,
        ...
        3.73333095e+00-1.49360878e-01j,  3.70033311e+00-1.10843978e-01j,
        3.67718673e+00-7.33462258e-02j,  3.66346444e+00-3.65102490e-02j])
```

ここで例えば 3.67718673e+00-7.33462258e-02j は，実部が 3.67718673e+00 であり，虚
部が-7.33462258e-02 の複素数を表しています。これが DFT の結果です。

離散フーリエ逆変換も試してみましょう。

――――――――――――――――――――――――― リスト **8.3**（FFTinv.py）―――――――――

```
 1 import numpy as np
 2 import matplotlib.pyplot as plt
 3 N = 2**8 # Number of sample points
 4 fs = 100 # sampling frequency[Hz]
 5 T = 1/fs # Sampling period[sec]
 6 PI = np.pi
 7 # Frequencies[Hz]
 8 f1 = 10; f2 = 20; f3 = 40
 9 # Amplitudes
10 A1 = 1; A2 = 0.5; A3 = 0.8
11 # time
12 t = np.arange(0, N*T, T)
```

```
13 # signal
14 x = A1*np.sin(2*PI*f1*t)+A2*np.sin(2*PI*f2*t)+A3*np.sin(2*PI*f3*t)
15
16 fig = plt.figure(figsize=(10, 5))
17 plt.xlabel('time t[sec]', fontsize=15)
18 plt.ylabel('signal', fontsize=15)
19 plt.xlim(0, 0.5)
20 #plt.plot(t, x)
21
22 # FFT
23 F = np.fft.fft(x)
24
25 # Inverse Discrete Fourier Transform
26 y = np.fft.ifft(F)
27 plt.plot(t, y.real, linestyle = "dashed")
```

リスト **8.3** では，plt.plot(t, x) をコメントアウトして（20 行目にあります。コメントアウトしなければ波形が重なるだけですが），fft 関数に掛けた後に，26 行目で F を離散フーリエ逆変換関数 ifft に掛けてもとの信号に戻しています。ここでは念のため，離散フーリエ逆変換した値の実部を取っています。結果は**図 8.9** のようになり，もとの（サンプリングされたギザギザの）信号が得られていることがわかります。

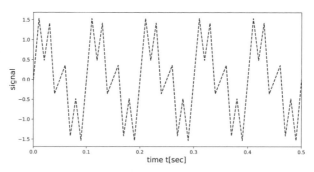

図 **8.9**  フーリエ変換結果を離散フーリエ逆変換して
もとの信号を復元

DFT で音声データなどを解析する際には，サンプリング周波数をどう決めればよいかという問題が発生します。扱うデータの特徴は事前に知っている必要があるわけです。例えば，音声データであれば，人が聴くことができる周波数（可聴周波数）は，20 Hz から 20000 Hz（個人差があり，普通は，15000 Hz 程度までと考えることが多いようです）までなので，可聴周波数すべてを取り込むために，サンプリング周波数は，$2 \times 20000 = 40000$ Hz とする必要があります。

実際の信号には，ナイキスト周波数よりも高い周波数成分が含まれていることがあります。その際には，エリアシングを避ける工夫が必要になります。すでに説明しましたが，これは一般にアンチエリアシングフィルタと呼ばれるローパスフィルタを使って，ナイキスト周波数を超える周波数を高い減衰率で減衰させるのです。

　式 (8.8) で表される信号に正規分布に従う小さなノイズを加え，得られた信号の振幅スペクトルを求めてみましょう。

```
x = A1*np.sin(2*PI*f1*t)+A2*np.sin(2*PI*f2*t)+A3*np.sin(2*PI*f3*t)
```

上記のリスト 8.3 の 14 行目の部分を以下のように書き直します。

```
noise = np.random.normal(loc=0, scale=0.1, size=N)
x = A1*np.sin(2*PI*f1*t)+A2*np.sin(2*PI*f2*t)+A3*np.sin(2*PI*f3*t)+noise
```

　`np.random.normal` は正規乱数を所定の個数生成する関数で，平均を `loc`，標準偏差を `scale`，乱数の個数を `size` という引数にして関数に渡せばよいのです。ここでは，平均を 0，標準偏差を 0.1，乱数の個数 `size` を N=256（N は，リスト 8.3 の 3 行目で定義しています）として関数に渡しています。実行すると，図 **8.10** が得られます。

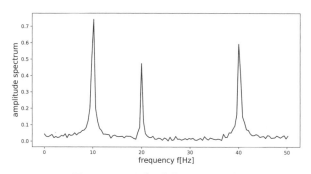

図 **8.10**　ノイズが含まれている場合

　図 8.10 を見ても，もとの信号の周波数でピークが立ち，周波数の取出しに成功していることがわかります。ノイズのレベルを上げていくとどうなるか，試してみてください。

## 8.4　FFT のアルゴリズム

　FFT を使ってきて，その便利さは理解できたのではないかと思いますが，アルゴリズムについてはまだ説明していませんでした。ここでは，DFT のナイーブな計算法を示し，FFT のアルゴリズムと比較してみることにしましょう。なぜ FFT は「高速」なのでしょうか。その理由がわかります。

　DFT では

$$\widehat{x}[k] = \sum_{n=0}^{N-1} x[n] e^{-\frac{2\pi ikn}{N}} \tag{8.9}$$

を計算することになります。式 (8.9) において $W_N = e^{-\frac{2\pi i}{N}}$ とおけば

$$\widehat{x}[k] = \sum_{n=0}^{N-1} x[n] W_N^{kn} \tag{8.10}$$

と書くことができます。これは掛けて足しているのですから行列とベクトルの乗算と同じことです。式 (8.10) は，例えば $N = 4$ とすると，つぎのようになります。

$$
\begin{pmatrix} \widehat{x}[0] \\ \widehat{x}[1] \\ \widehat{x}[2] \\ \widehat{x}[3] \end{pmatrix} = \begin{pmatrix} W_4^{0\cdot0} & W_4^{1\cdot0} & W_4^{2\cdot0} & W_4^{3\cdot0} \\ W_4^{0\cdot1} & W_4^{1\cdot1} & W_4^{2\cdot1} & W_4^{3\cdot1} \\ W_4^{0\cdot2} & W_4^{1\cdot2} & W_4^{2\cdot2} & W_4^{3\cdot2} \\ W_4^{0\cdot3} & W_4^{1\cdot3} & W_4^{2\cdot3} & W_4^{3\cdot3} \end{pmatrix} \begin{pmatrix} x[0] \\ x[1] \\ x[2] \\ x[3] \end{pmatrix} \tag{8.11}
$$

DFT で必要なのは式 (8.11) のような行列計算ですが，見てのとおり，$\widehat{x}[k]$ を一つ計算するのに，$N$ 回の（複素数の）乗算と $N-1$ 回の（複素数の）加算が必要になります。これが $N$ 個あります。半分は不要だとか 1 との乗算は省けるとか，細かく計算量を節約することはできますが，例えば，乗算に限ってもその実行回数は $N^2$ に比例します。$N = 4$ くらいではどうということはありませんが，実際の周波数解析では，$N = 1024 = 2^{10}$ 程度の DFT が必要になることはよくあります。こうなると，$N^2 = 1048576$ 回（半分としても 524288 回）の計算が必要になってしまいます。$N$ をさらに大きくしたいことも多いのですが，いくら計算機が速くなったとはいえ，この調子で（$N^2$ に比例して）計算回数が増えるとリアルタイムの処理は難しくなっていきます。何とか計算回数を減らせないものでしょうか。そこで考えられたのが高速フーリエ変換のアルゴリズムです。FFT のアルゴリズム自体は，1866 年のガウスの論文にまでさかのぼることができるようですが，1965 年に発表された Cooley-Tukey の論文[5]で広く用いられるようになりました。何度も再発見されているようです。

$W_N^N = 1$ であることを思い出しましょう。もし，$N$ が偶数なら，$W_N^2 = W_{N/2}$ が成り立ちます。これが FFT のアイデアのキモです。DFT の和を取る部分で，つぎのように，偶数番目の項の和と奇数番目の項の和に分ければ

$$
\begin{aligned}
\widehat{x}[k] &= \sum_{n=0}^{N-1} x[n] W_N^{kn} = \sum_{m=0}^{N/2-1} x[2m] W_N^{2km} + \sum_{m=0}^{N/2-1} x[2m+1] W_N^{k(2m+1)} \\
&= \sum_{m=0}^{N/2-1} x[2m] W_{N/2}^{km} + W_N^k \sum_{m=0}^{N/2-1} x[2m+1] W_{N/2}^{km}
\end{aligned}
$$

となります。これは，偶数番目のデータの $N/2$ 個の点に対する DFT の結果に奇数番目のデータの $N/2$ 個の点に対する DFT の結果の $W_N^k$ 倍を足したものになっています。DFT の計算回数は，$N^2$ に比例するのですから，おのおのの DFT の計算回数は $\left(\dfrac{N}{2}\right)^2$ であり，これが 2 回分あるので，計算回数は

$$
\left(\frac{N}{2}\right)^2 + \left(\frac{N}{2}\right)^2 = \frac{N^2}{2}
$$

になります。計算回数が半分になったわけです。この計算の様子を図 **8.11** に示しました。$m$ については 0 から $N/2 - 1$ までしか動きませんが，$k$ は 0 から $N - 1$ まで動きます。$W_N$ は $N$ 乗して初めて 1 になる（1 の原始 $N$ 乗根）ので，$W_N^{N/2} = -1$ でなければいけません。この

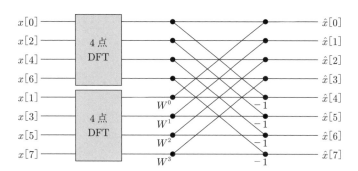

図 8.11 $N = 8$ の場合

性質から，$W_N^{N/2+\ell} = -W_N^\ell$ となっていることがわかります。$N$ が 2 のべきであれば，この操作を繰り返すことができます。$N = 8 = 2^3$ の場合を考えましょう。

図 8.11 の読み方を説明します。例えば，$\hat{x}[2]$ は，$x[0]$，$x[2]$，$x[4]$，$x[6]$ の 4 点 DFT の（3 番目の）出力と，$x[1]$，$x[3]$，$x[5]$，$x[7]$ の 4 点 DFT の（3 番目の）出力に $W^2$ を掛けたものを加算することで計算できる，というように読みます。$\hat{x}[5]$ であれば，$x[0]$，$x[2]$，$x[4]$，$x[6]$ の 4 点 DFT の（2 番目の）出力と，$x[1]$，$x[3]$，$x[5]$，$x[7]$ の 4 点 DFT の（2 番目の）出力に $-W^1$ を掛けたものを加算することで計算できる，と読むわけです。

さらに 4 点 DFT を 2 点 DFT で表現して展開すると，**図 8.12** のようになります。

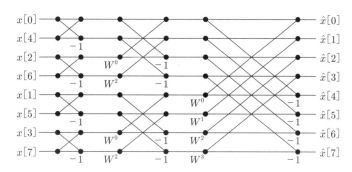

図 8.12 $N = 8$ の場合（すべて展開したところ）

図 8.12 でクロスしている部分の演算は，図が蝶のように見えることから**バタフライ演算**（butterfly computation）と呼ばれています。$N = 8$ の場合は，3 段階のバタフライ演算があります。1 段階で計算回数が半分になるので，もとの DFT をそのまま計算した場合の $3 \times 1/2^3 = 3/8$ となります。一般に，$N = 2^n$ のとき，計算回数は，$N^2 \cdot n/N = nN = N \log_2 N$ に比例することになります[†]。これは計算速度を劇的に向上させます。例えば，$N = 1024 = 2^{10}$ のとき，$N^2 = 1048576$ であるのに対し，$N \log_2 N = 10240$ にすぎません。$N$ が大きくなれば，さらに差が開いていくのです。このようなことができるのは，$N$ が 2 のべきのときだけです（もち

---

[†] 実際に計算する必要があるのは半分だけなので，より正確には，$\dfrac{N \log_2 N}{2}$ になります。

ろん 3 のべきなどでも類似のことはできますが，計算機向きではありません）。これが FFT で，
$N$ を 2 のべきに取る理由です。

## 8.5　あえて Python で FFT を作る

FFT のアルゴリズムを理解する近道は，アルゴリズムを実装してみることでしょう。すでに
fft 関数は存在するので，わざわざ作る必要はないのですが，理解を深めるために，ここでは
あえて FFT のアルゴリズムをそのまま Python で実装してみます。FFT のアルゴリズムは再
帰関数と相性がよいのです。ここで再帰関数とは，自分自身を呼び出す処理を含む関数のこと
です。

―――――――――――― リスト **8.4**（StudyFFT.py）――――――――――――

```
 1  import numpy as np
 2  PI = np.pi
 3
 4  def MyFFT(x):
 5      N = x.shape[0] # N MUST be an integer power of two
 6      hatx = np.zeros(N , dtype = 'complex') # initialize
 7      k = np. arange (0, N//2)
 8      W = np.exp (-1j *2* PI*k/N) # roots of 1
 9      if N == 2:
10          # the 1st butterfly operation
11          hatx[0] = x[0] + x[1]
12          hatx[1] = x[0] - x[1]
13          return hatx
14      if N >= 4:
15          # butterfly operation
16          L = MyFFT(x[0:N:2]); R = MyFFT(x[1:N:2])
17          hatx[0:N//2] = L + W*R
18          hatx[N//2:N] = L - W*R
19          return hatx
```

リスト **8.4** では，4 行目で MyFFT 関数を定義しています。引数の $x$ の長さは 2 のべきになっ
ている必要があります。例外処理はしていないのでご注意ください。最初に，$x$ の長さを 5 行
目の shape を使って調べ，$N$ に代入しています。6 行目の hatx = np.zeros(N , dtype =
'complex')は，複素数型の $N$ 個の 0 を並べたもので，$x$ のフーリエ変換 $\hat{x}$ にあたります。k は 0
から $N/2-1$ までの $N/2$ 個の数字を順番に並べた配列ですので，W = np.exp(-1j*2*PI*k/N)
（8 行目）は，$W[k] = e^{-2\pi i k/N}$ $(k = 0, 1, \cdots, N/2 - 1)$ になります。

さて，問題はここからです。実装にあたり，大きな問題となるのは配列要素の入替えです。配
列の順序を把握するために，$N = 2^4 = 16$ の場合を見てみましょう。**図 8.13** をご覧ください。

図 8.13 の一番上が，もともとの配列ですが，8 点 FFT に入力する段階では，偶数番号と奇
数番号に分かれます。見てのとおり，左が偶数番号，右が奇数番号にあたります。偶数番号だ
けを見てください。これを一つおきに取って，0，4，8，12 と 2，6，10，14 に分けます。奇

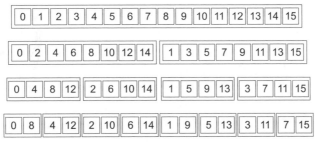

**図 8.13** $N = 16$ の場合の配列の順序の動き

数番号のほうでも同じように一つおきにとって左右に振り分けます。これをさらに一つおきにとって左右に振り分ければ，4 段目のようになるわけです。Python で，x[a:n:d] と書けば，要素番号が，初項 $a$，公差 $d$ の等差数列で $n$ 以下のものを並べたものを表します。式で書けば

$$a + 0 \cdot d, a + 1 \cdot d, a + 2 \cdot d, \cdots, a + \left\lfloor \frac{n-a}{d} \right\rfloor \cdot d$$

となります。つまり

$$x[a + kd] \quad \left( k = 0, 1, \cdots, \left\lfloor \frac{n-a}{d} \right\rfloor \right)$$

を指します。Python のコードに戻りましょう。$x$ の長さが $N = 16$ であるとしましょう。すると，$k = 0, 1, \cdots, 7(= 16/2 - 1)$ となり，$W[k] = e^{-2\pi i k/N}$ $(k = 0, 1, \cdots, 7)$ となります。ここで，N//2 とあるのは，値としては $N/2$ と同じですが，実数ではなく整数の値とするための処理です。x[0:N:2]=x[0:16:2] は

$$x[0], x[2], x[4], x[6], x[8], x[10], x[12], x[14]$$

x[1:N:2]=x[1:16:2] は

$$x[1], x[3], x[5], x[7], x[9], x[11], x[13], x[15]$$

になっています。これをバタフライ演算に入れて

```
hatx[0:N//2]=hatx[0:8]=hatx[0], hatx[1], ..., hatx[7]
```

と

```
hatx[N//2:N]=hatx[8:16]=hatx[8], hatx[9], ..., hatx[15]
```

を計算しますが，バタフライ演算のために，MyFFT 関数を呼び出しています。呼び出しているのは，MyFFT(x[0:N:2]) と MyFFT(x[1:N:2]) ですが，この計算では，おのおの半分の長さ，つまり，長さが 8 のデータです。すると，それぞれ，長さ 8 のデータに対する MyFFT 関数が実行されることになります。MyFFT(x[0:N:2]) の計算では，いまと同じようにして長さ 4 のデータに対して MyFFT 関数が呼び出され，その中で長さ 2 のデータに対して MyFFT 関数が呼び出されて 2 点 FFT が行われるときは，例外処理になっていて，MyFFT 関数が呼ばれていませんから，ここで hatx が返されて処理が終了するわけです。

MyFFT 関数の動作をチェックするためのプログラムが，リスト **8.5** です。

———————————— リスト **8.5**（TestMyFFT.py）————————————

```
1  import numpy as np
2  import matplotlib.pyplot as plt
3
4  def MyFFT(x):
5      N = x.shape[0] # N MUST be an integer power of two
6      hatx = np.zeros(N , dtype = 'complex') # initialize
7      k = np. arange (0, N//2)
8      W = np.exp (-1j *2* PI*k/N) # roots of 1
9      if N == 2:
10         # the 1st butterfly operation
11         hatx[0] = x[0] + x[1]
12         hatx[1] = x[0] - x[1]
13         return hatx
14     if N >= 4:
15         # butterfly operation
16         L = MyFFT(x[0:N:2]); R = MyFFT(x[1:N:2])
17         hatx[0:N//2] = L + W*R
18         hatx[N//2:N] = L - W*R
19         return hatx
20
21 N = 2**8 # Number of sample points
22 fs = 100 #  sampling frequency[Hz]
23 T = 1/fs # Sampling period[sec]
24 PI = np.pi
25 # Frequencies[Hz]
26 f1 = 10; f2 = 20; f3 = 40
27 # Amplitudes
28 A1 = 1; A2 = 0.5; A3 = 0.8
29 # time
30 t = np.arange(0, N*T, T)
31 # signal
32 x = A1*np.sin(2*PI*f1*t)+A2*np.sin(2*PI*f2*t)+A3*np.sin(2*PI*f3*t)
33
34 testF = MyFFT(x)
35 # amplifier
36 amp = 2*np.abs(testF)/N
37 # frequency
38 freq = np.linspace(0, fs, N)
39
40 plt.plot(freq[:int(N/2)+1], amp[:int(N/2)+1])
41 plt.show()
```

リスト 8.4 における MyFFT 関数の定義に，リスト 8.2 の信号生成と表示の部分を合わせたものになっています。34 行目で MyFFT 関数を呼び出し，信号 x を FFT に掛けて，結果の配列を testF としています。36 行目の amp は，testF から求めた振幅になっています。実行して FFT がうまくいっているか確認してみてください。

———— 章 末 問 題 ————

問題 8-58 (**数学**) （離散的）信号 $x[0], x[1], \cdots, x[N-1]$ を周期 $N$ で延長したものを $x$ とします。このとき，$y_{n_0}[n] = x[n - n_0]$ の DFT が以下の式となることを証明してください。

$$\widehat{y_{n_0}}[k] = e^{-\frac{2\pi i k n_0}{N}} \widehat{x}[k]$$

問題 8-59 (**数学**) 式 (8.11) の行列を具体的に書き下してみてください。

問題 8-60 (**Python**) サンプリング定理（定理 8.1）で示したプログラム（リスト 8.1）を修正して，$f_s = 2$, $8$, $16$, $32$ の場合の近似曲線を描いてください。

問題 8-61 (**Python**) 図 8.3 を描くプログラムを書いてください。

問題 8-62 (**Python**) 式 (8.8) で表される信号に対し，振幅 $A_1$, $A_2$, $A_3$ を変えて，振幅スペクトルがどのように変化するかを観察してみてください。

# 9

# Python でスペクトログラム

　ディジタル信号処理においては，測定データを何らかの方法で離散化する必要があります。前章で見たように，ナイキスト周波数を超える周波数成分は，エリアシングを引き起こし，解析の邪魔になるので，適当な周波数でデータを切り出す必要があります。しかし，単純に切り出すだけではギブス現象が生じて，別の意味で厄介なことになります。ここでは，窓関数の概念を導入し，信号を解析可能な離散データに変換する技術を学び，wav 形式の音声ファイルのスペクトログラムを作ります。

## 9.1　窓　関　数

　一般に音声ファイルなどの長時間にわたる信号は，そのままフーリエ変換されることはなく，信号のある区間を切り出してディジタル化し，DFT することになります。この際，DFT では，切り出した信号データと同じデータが，無限に周期的に並んでいるものとして計算されます。

　単純に切り出してしまうと周波数解析に悪影響が出ることがあります。例えば，**図 9.1** のような時間間隔で信号を切り出したとしましょう。DFT に掛けるとき，信号は，**図 9.2** のような周期関数とみなされることになります。

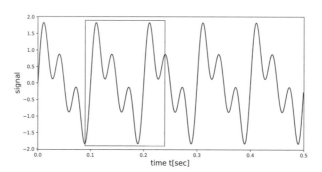

**図 9.1**　適当な時間間隔で切り出した信号

　図 9.2 のように，滑らかな信号であっても，切り出してしまうとつなぎ目が不連続になる場合があります。場合がある，というより，うまくつながるほうが珍しく，普通は不連続になると思ってもよいでしょう。4 章で学んだように，このような不連続点はギブス現象を引き起こし，信号に意図しない周波数成分が紛れ込む原因になるのです。

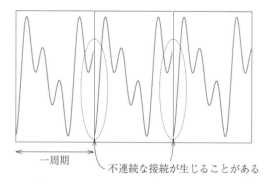

図 **9.2** 切り出した信号を周期的に並べたもの

この問題を解消（軽減）する方法として窓関数があります。ここでは，窓関数について詳しく見ていきましょう。

信号 $x(t)$ に対し，適当な関数 $w(t)$ を掛けた信号 $(wx)(t) = w(t)x(t)$ を使って周波数解析を行うことを考えます。信号は有限の時間しか観測できないのですから，$w(t)$ としては，切り出したい時間範囲の外では 0 となるようなものを取ります。この $w(t)$ を**窓関数**（window function）といい，もとの信号に窓関数を掛けることを単に**窓を掛ける**（windowing）といいます。つまり，$\widehat{wx}(f)$ を調べて，窓を通して $x$ の周波数情報を解析するわけです。

最も簡単な窓関数として，$T > 0$ に対し

$$
w(t) = \begin{cases} \dfrac{1}{T} & (|t| \leqq T/2) \\ 0 & (その他) \end{cases}
$$

を考えましょう。これを**矩形窓**（rectangular window）といいます。矩形窓は，信号を単純に切り出すだけの本当に単純な窓関数です。後ほどいろいろ考察していきますが，矩形窓はあまりよい窓ではありません。よくない理由は，すでに説明したように，図 9.2 のように滑らかな信号であっても，切り出してしまうとつなぎ目が不連続になり，これがギブス現象を引き起こすためですが，ここでは他の窓との比較のために少し詳しく見てみます。

矩形窓のフーリエ変換は，すでに計算しています。つぎのようになるのでした。

$$
\widehat{w}(f) = \mathrm{sinc}(Tf) \tag{9.1}
$$

式 (9.1) ともとの信号のフーリエ変換との畳込みを求めれば，$wx$ のフーリエ変換が求まるわけです。

窓を掛ける処理は，計算機に入れてからですので，実際の解析に必要なのは，この離散版です。信号は所定の時間，サンプリングされ，$N$ 個の数字 $x[0], x[1], \cdots, x[N-1]$ になります。この離散的なサンプリング値に対して窓関数を掛けて DFT に掛けることになるわけです。

離散版矩形窓の DFT を計算します。ただし，幅は $T$ ですが，中心は 0 ではなく，$T/2$ だけ正の方向にシフトしたものです。

$x[0], x[1], \cdots, x[T-1] = 1/T$ で $x[T], x[T+1], \cdots x[N-1] = 0$ の DFT を計算してみると，つぎのようになります。

$$\widehat{x}[k] = \sum_{n=0}^{N-1} x[n] e^{-\frac{2\pi i k n}{N}} = \frac{1}{T} \sum_{n=0}^{T-1} e^{-\frac{2\pi i k n}{N}} = \frac{1}{T} \frac{1 - e^{-\frac{2\pi i k T}{N}}}{1 - e^{-\frac{2\pi i k}{N}}}$$

$$= \frac{1}{T} \frac{e^{-\frac{\pi i k n}{N}}}{e^{-\frac{\pi i k}{N}}} \frac{\sin \frac{\pi k T}{N}}{\sin \frac{\pi k}{N}} = \frac{e^{-\frac{\pi i k n}{N}}}{e^{-\frac{\pi i k}{N}}} \frac{\sin \frac{\pi k T}{N} / (\pi k T / N)}{\sin \frac{\pi k}{N} / (\pi k / N)}$$

$$= \frac{e^{-\frac{\pi i k n}{N}}}{e^{-\frac{\pi i k}{N}}} \frac{\operatorname{sinc} \frac{k T}{N}}{\operatorname{sinc} \frac{k}{N}}$$

$\widehat{x}[k]$ は，もちろん sinc 関数そのものではありませんが，よく似たものになっています。
振幅スペクトルはつぎのようになります。

$$|\widehat{x}[k]| = \left| \frac{\operatorname{sinc} \frac{k T}{N}}{\operatorname{sinc} \frac{k}{N}} \right|$$

　離散化された信号に関しても畳込みを定義することができます。以下，離散化された信号は周期的に延長して考えます。つまり，離散化された信号 $x[0], x[1], \cdots, x[N-1]$ において，この信号が周期 $N$ で延長されていると考えるのです。例えば，$x[-2] = x[N-2]$，$x[N+1] = x[1]$ というように，はみ出した部分は周期 $N$ の倍数分だけずらして考えるわけです。代数では，$m-n$ が $N$ の倍数になっているとき，$m \equiv n \pmod{N}$ のように書き，$m$ と $n$ は $N$ を法として合同であると表現します。つまり，周期 $N$ で延長された離散的な信号 $x$ ではつぎのようになります。

$$m \equiv n \pmod{N} \Rightarrow x[m] = x[n]$$

---

**定義 9.1**　　$x[0], x[1], \cdots, x[N-1]$ と $y[0], y[1], \cdots, y[N-1]$ の畳込み（巡回畳込み）を以下の式で定義する。ここで，$x, y$ は周期 $N$ で延長されているものとする。

$$(x * y)[n] = \sum_{m=0}^{N-1} x[m] y[n-m]$$

---

畳込みの DFT も計算しておきましょう。

---

**定理 9.1**

$$(\widehat{x * y})[k] = \widehat{x}[k] \widehat{y}[k] \tag{9.2}$$

$$(\widehat{xy})[k] = \frac{1}{N} (\widehat{x} * \widehat{y})[k] \tag{9.3}$$

ただし，$(xy)[n] = x[n]y[n]$ である。

---

**証明** まず，式 (9.2) を示します。

$$(\widehat{x*y})[k] = \sum_{m=0}^{N-1}(x*y)[m]e^{-\frac{2\pi ikm}{N}} = \sum_{m=0}^{N-1}\left(\sum_{\ell=0}^{N-1}x[\ell]y[m-\ell]\right)e^{-\frac{2\pi ikm}{N}}$$

$$= \sum_{\ell=0}^{N-1}x[\ell]\left(\sum_{m=0}^{N-1}y[m-\ell]e^{-\frac{2\pi ikm}{N}}\right)$$

$$= \sum_{\ell=0}^{N-1}x[\ell]e^{-\frac{2\pi ik\ell}{N}}\left(\sum_{m=0}^{N-1}y[m-\ell]e^{-\frac{2\pi ik(m-\ell)}{N}}\right) = \widehat{x}[k]\widehat{y}[k]$$

2 行目から 3 行目を導く際，$\ell$ が何であっても，$m$ が 0 から $N-1$ まで動くときには，$m-\ell$ が，同じ範囲を $N$ を法としてくまなく動くことを使いました。式 (9.3) を示しましょう。

$$(\widehat{x}*\widehat{y})[k] = \sum_{\ell=0}^{N-1}\widehat{x}[\ell]\widehat{y}[k-\ell] = \sum_{\ell=0}^{N-1}\left(\sum_{m=0}^{N-1}x[m]e^{-\frac{2\pi i\ell m}{N}}\right)\left(\sum_{n=0}^{N-1}y[n]e^{-\frac{2\pi in(k-\ell)}{N}}\right)$$

$$= \sum_{m=0}^{N-1}\sum_{n=0}^{N-1}x[m]y[n]\left(\sum_{\ell=0}^{N-1}e^{-\frac{2\pi i\ell m}{N}}e^{-\frac{2\pi in(k-\ell)}{N}}\right)$$

$$= \sum_{m=0}^{N-1}\sum_{n=0}^{N-1}x[m]y[n]e^{-\frac{2\pi ink}{N}}\left(\sum_{\ell=0}^{N-1}e^{-\frac{2\pi i\ell(m-n)}{N}}\right)$$

となりますが，最後の和における $(\cdots)$ の部分は，$m=n$ のときのみ $N$ で，$m \neq n$ のときは 0 ですので以下の式が成り立ちます。

$$(\widehat{x}*\widehat{y})[k] = N\sum_{n=0}^{N-1}x[n]y[n]e^{-\frac{2\pi ink}{N}} = N(\widehat{xy})[k] \qquad \square$$

式 (9.3) が示していることは，信号 $x$ に窓関数 $w$ を掛けて DFT したものは

$$(\widehat{wx})[k] = \frac{1}{N}(\widehat{w}*\widehat{x})[k] \tag{9.4}$$

となるということです。

定理 9.1 を用いて，サンプリングされた信号 $x[0], x[1], \cdots, x[N-1]$ に対して，（離散的な）窓関数 $w$ を掛けた $wx$ の DFT を計算すれば，周波数解析ができることになるわけです。

矩形窓の離散版は，定数が並んだものです。矩形窓を FFT に掛け，その振幅スペクトルを計算して表示するのが，**リスト 9.1** です。簡単のため scipy という科学計算用のライブラリを利用します。scipy には多数の窓関数が用意されています。矩形窓は，signal.boxcar 関数を使えば生成できます。リスト 9.1 では，$N = 2^5 = 32$ に設定しています。

―― リスト **9.1** (FreqResponse.py) ――

```
1  import numpy as np
2  from scipy import signal
3  from scipy.fftpack import fft, fftshift
4  import matplotlib.pyplot as plt
```

```
 5
 6 N = 2**5
 7 wave = signal.boxcar(N)
 8 amp = 2.0*fft(wave, 2048)/N
 9 freq = np.linspace(-0.5, 0.5, len(amp))
10 magnitude = 20*np.log10(np.abs(fftshift(amp/abs(amp).max())))
11
12 plt.plot(freq, magnitude)
13 plt.axis([-0.5, 0.5, -60, 0])
14 plt.ylabel("magnitude [dB]")
15 plt.xlabel("normalized frequency(per sample)")
16 plt.show()
```

ここで，10 行目の magnitude の計算で使われている fftshift は，ゼロ周波数成分をスペクトルの中心に移動する関数です．実行すると，図 9.3 が得られます．

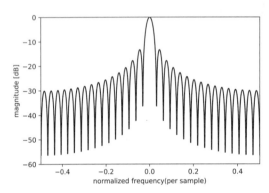

図 9.3　矩形窓の振幅スペクトル（dB 表示）

窓関数の周波数特性は振幅スペクトル $|\widehat{w}[k]|$ あるいはパワースペクトル $|\widehat{w}[k]|^2$ をそのまま見るのではなく

$$20\log_{10}|\widehat{w}[k]| = 10\log_{10}(|\widehat{w}[k]|^2)$$

のように対数スケールで表現されるのが一般的です．単位は，dB（デシベル，デービー）です．

## 9.2　窓関数を掛けた信号の FFT

　ここでは，代表的な窓関数として，ハン窓（ハニング窓，Hanning window），ハミング窓（Hamming window）を紹介し，異なる周波数成分を持つ信号に窓を掛け，その信号を FFT に掛けてみたいと思います．

　ハン窓（ハニング窓），ハミング窓は，いずれも，つぎのような形をしています．連続な場合と離散的な場合を並べて書いておきます．連続な場合の $t$ を $\dfrac{n}{N}T$ とすれば離散的な窓関数になります．

$$w(t) = \begin{cases} a + b\cos\left(\dfrac{2\pi t}{T}\right) & (0 \le t < T) \\ 0 & (その他) \end{cases} \tag{9.5}$$

$$w[n] = \begin{cases} a + b\cos\left(\dfrac{2\pi n}{N}\right) & (n = 0, 1, \cdots, N - 1) \\ 0 & (その他) \end{cases} \tag{9.6}$$

ここで，$t = T/2$ で $a + b\cos\left(\dfrac{2\pi t}{T}\right) = a + b\cos(\pi) = a - b$ が最大値 1 を取るように，$a - b = 1$ に取ります。$a = 0.5$，$b = -0.5$ のときがハン窓で，$a = 0.54$，$b = -0.46$ のときがハミング窓です[†]。

$N = 256$ の離散版ハミング窓をグラフにしたものを図 **9.4** に示します。この関数と信号波形 $x[n]$ を掛けたものが図 **9.5** になります。

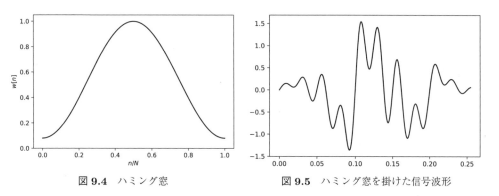

図 **9.4** ハミング窓    図 **9.5** ハミング窓を掛けた信号波形

図 9.5 を見ると，もとの信号とは随分違う形になっています。このような形になってしまったら，もとの信号のスペクトルが再現できないのではないかと心配になるかもしれません。確かに，信号の形はひずみますし，スペクトルも少し変わってしまうのですが，スペクトルの違いはわずかで，単純に矩形窓を掛けるよりはよい結果になることが多いのです。

ハン窓，ハミング窓を含む式 (9.5) 型の窓関数のフーリエ変換を計算しておきましょう。

$$\begin{aligned} \widehat{w}(f) &= \int_0^T \left\{ a + b\cos\left(\frac{2\pi t}{T}\right) \right\} e^{-2\pi i f t} dt \\ &= a\int_0^T e^{-2\pi i f t} dt + b\int_0^T \cos\left(\frac{2\pi t}{T}\right) e^{-2\pi i f t} dt \\ &= a\left[ -\frac{e^{-2\pi i f t}}{2\pi i f} \right]_0^T + \frac{b}{2}\int_0^T \left\{ e^{-2\pi i t(f - 1/T)} + e^{-2\pi i t(f + 1/T)} \right\} dt \end{aligned}$$

---

[†] $t$ の範囲は絶対値が $T/2$ 以下となるように取り，$n$ もそれに合わせて絶対値が $(T - 1)/2$ 以下になるように書かれている本が多数派です。そのほうが見やすいのですが，scipy で用意されている窓関数では $t, n$ は非負の値なので，ここではこれに合わせました。単に中心をずらしただけで，本質は損なわれません。なお，負の方向に $T/2$ 平行移動すれば，$\cos(2\pi(t + T/2)/T) = \cos(2\pi t/T + \pi) = -\cos(2\pi t/T)$ となります。

$$= a\frac{1 - e^{-2\pi ifT}}{2\pi if} + \frac{b}{2}\left[ -\frac{e^{-2\pi it(f-1/T)}}{2\pi i(f - 1/T)} - \frac{e^{-2\pi it(f+1/T)}}{2\pi i(f + 1/T)} \right]_0^T$$

$$= ae^{-\pi iTf}\frac{\sin(\pi Tf)}{\pi f} + \frac{b}{2\pi}e^{-\pi iTf}\left( \frac{1}{f - 1/T} + \frac{1}{f + 1/T} \right)\sin(\pi Tf)$$

$$= \frac{e^{-\pi iTf}}{\pi}\left[ \frac{a}{f} + \frac{b}{2}\left( \frac{1}{f - 1/T} + \frac{1}{f + 1/T} \right) \right]\sin(\pi Tf)$$

となります。振幅スペクトルは

$$|\widehat{w}(f)| = \frac{|\sin(\pi Tf)|}{\pi}\left| \frac{a}{f} + \frac{b}{2}\left( \frac{1}{f - 1/T} + \frac{1}{f + 1/T} \right) \right| \tag{9.7}$$

となります。$\widehat{w}(f)$ は，$f = 0, \pm 1/T$ で特異性を持つように見えますが，それは見かけのことで，実際には極限値が存在することに注意しましょう。dB で表示するときは，$\widehat{w}(f)$ が 0 になるところで発散します。ハミング窓の周波数特性を**図 9.6** に示します。

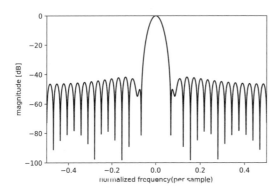

図 **9.6**　ハミング窓の
周波数特性

　窓関数を掛けたために波形の両脇が小さくなっていることがわかります。図 9.5 に**リスト 9.2** のようにして FFT を掛けて周波数成分を取り出したものが**図 9.7** になります。

———————————— リスト **9.2**（HammingFFT.py）————————————

```
1  import numpy as np
2  from scipy import signal
3  from scipy.fftpack import fft, fftshift
4  import matplotlib.pyplot as plt
5
6  N = 2**5
7  w_hamming = signal.hamming(N)
8  amp = 2.0*fft(w_hamming, 2048)/N
9  freq = np.linspace(-0.5, 0.5, len(amp))
10 magnitude = 20*np.log10(np.abs(fftshift(amp/abs(amp).max())))
11
12 plt.plot(freq, magnitude)
13 plt.axis([-0.5, 0.5, -100, 0])
14 plt.ylabel("magnitude [dB]")
15 plt.xlabel("frequency(per sample)")
16 plt.show()
```

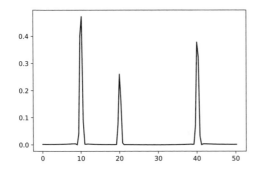

図 **9.7** ハミング窓を掛けた
信号に対する FFT

図 9.7 を見ると，もとの信号の FFT 波形とは若干違いますが，所望の周波数成分は抽出でき
ていることがわかるでしょう。窓関数を掛けると信号の形は見た目が大きく変わりますが，周
波数で見るとその違いはわずかなのです。

## 9.3 窓関数の周波数特性の見方

ここで，矩形窓を例に窓関数の周波数特性の見方を説明しましょう。各部の名称は，図 **9.8**
に書かれているように，中央の山を**メインローブ**（main lobe），メインローブ以外の部分を**サ
イドローブ**（side lobe）といい，メインローブの頂上とサイドローブの最大値の差（dB）を**サ
イドローブレベル**（side lobe level）といいます[†]。一般論としては，サイドローブが低い，す
なわちサイドローブレベルが大きく，メインローブの幅が狭いほうがよい窓関数です。式 (9.4)
の左辺の $wx$ は波を絞ったものですが，それを周波数領域で見ると，窓関数のフーリエ変換，
つまり図で表したものが周波数特性のグラフの畳込みになっています。窓関数を掛けた信号の
フーリエ変換は，窓関数のフーリエ変換と信号のフーリエ変換の畳込みになるわけです。

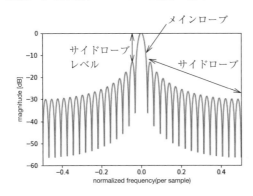

図 **9.8** 窓関数の周波数特性の
読み方

改めて畳込みの式 (9.8) を見てみましょう。

$$(\widehat{w} * \widehat{x})[n] = \sum_{k=0}^{N-1} \widehat{w}[k]\widehat{x}[n-k] \tag{9.8}$$

---

[†] lobe とは丸い突起物を意味する英語です。サイドローブ減衰ということもあります。

$\widehat{x}_m[n] = \delta_{mn}$ となる信号を考えましょう。これは周波数番号 $m$ の信号ということです。式 (9.8) を見てみると

$$(\widehat{w} * \widehat{x}_m)[n] = \widehat{w}[n-m]$$

となります。つまり，$\widehat{w}$ を $m$ だけ平行移動したグラフが現れることになり，信号のフーリエ変換の一点 $m$ が，窓関数のメインローブの分だけ拡大するということになるのです。メインローブの幅（帯域幅）が狭いことは周波数分解能が高い（近い周波数の影響が小さい）ことを意味しています。メインローブの幅が広いと，近い周波数を分離できません。例えば，解析している信号に近い周波数の成分が含まれていたとしましょう。つまり，$m \neq \ell$ として，$\widehat{x}_m + \widehat{x}_\ell$ となる二つの周波数からなる信号 $x$ を考えたとき，この信号 $x$ と窓関数 $w$ の畳込みは

$$\widehat{w}[n-m] + \widehat{w}[n-\ell]$$

になります。つまり，窓関数を $m$ だけずらしたものと $\ell$ だけずらしたものの和になることになります。メインローブが広いと，この二つ（$\widehat{w}[n-m]$ と $\widehat{w}[n-\ell]$）が混ざってしまうわけです。本当は二つの成分があるのに一つに見えてしまうのです。一般に，メインローブの幅は，$-3\,\mathrm{dB}$ の幅で測ります。$-3\,\mathrm{dB}$ は，パワースペクトルが半分になる（振幅スペクトルが $1/\sqrt{2} \approx 0.7$ 倍になるのと同じ）ということです。この幅を **3 dB 帯域幅**（3 dB bandwidth）または**半値幅**（half-power bandwidth）といいます。つまり

$$10 \log_{10} 0.5 = -3.010299956639812\cdots \approx -3$$

となるのが 3 dB 帯域幅になります（**図 9.9**）。

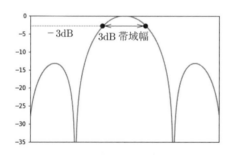

図 **9.9**　3 dB 帯域幅

　つまり，サイドローブレベルが大きいということは，遠くの周波数（離れた周波数）の影響が小さいということを意味します。すなわち，離れた信号を区別しやすいことになります。

　矩形窓の 3 dB 帯域幅を数値計算してみましょう。矩形窓の 3 dB 帯域幅は約 0.88 であることが知られていますが，これを確かめてみようというわけです。$\mathrm{sinc}(Tf) = 1/\sqrt{2}$ を解くということは，$\sqrt{2}\sin x - x = 0$ を解くことと同じで，得られた $x$ を $2/\pi$ 倍すれば 3 dB 帯域幅が求まることになります。`scipy.optimize` 関数を使って矩形窓の 3 dB 帯域幅を求めてみましょう。

―――――――――――― リスト **9.3**（bandwidth.py）――――――――――――

```
 1  from scipy.optimize import newton
 2  import numpy as np
 3
 4  PI = np.pi
 5
 6  def s(x):
 7      return np.sqrt(2)*np.sin(x) - x
 8
 9  init_root = 1.5
10  print(2.0*newton(s, init_root)/PI)
```

リスト **9.3** の 6, 7 行目で $s(x) = \sqrt{2}\sin x - x$ という関数と定義し，10 行目の newton 関数を用いて計算しています。初期値は，9 行目で定義しているように 1.5 としました。これを実行すると，0.8858929413789285 となり，0.88 に近い値が得られました。つまり，ウィンドウ幅 $T$ を 1 単位として見たとき，矩形窓の 3 dB 帯域幅は，約 0.88 であることが確かめられました。サイドローブレベルは，13.25 dB であることが知られています。一方，先ほど見たハミング窓では，3 dB 帯域幅は 1.32 で，矩形窓の 0.88 よりも広くなっているので周波数分解能は悪化していますが，サイドローブレベルは，42.31 dB となり，大きく改善しています。両方を最適化することはできず，両者の間にはトレードオフの関係があります（あちらを立てればこちらが立たずということです）。

## 9.4　SciPy のカイザー窓を見てみよう

SciPy では，このほかにも用途に応じて，矩形窓，ハミング窓のほかに多くの窓関数が用意されていますが，柔軟性の高いものとして**カイザー窓**（Kaiser window）があります。カイザー窓では，サイドローブレベルを変えることができ，$N$ を変えることで 3 dB 帯域幅を調整することができます。これまでに学んできたことを整理するため，詳しく見てみることにしましょう。

SciPy におけるカイザー窓はつぎのように定義されています。ここでは，ディジタル信号処理でよく使われる形式で書いておきます。

$$w[n] = \frac{I_0\left(\beta\sqrt{1 - \left(\frac{2n}{N} - 1\right)^2}\right)}{I_0(\beta)} \quad (0 \leq n \leq N-1) \tag{9.9}$$

ここで，$I_0$ は 0 次の変形ベッセル関数

$$I_0(x) = \sum_{n=0}^{\infty}\left(\frac{x^n}{2^n n!}\right)^2$$

です。カイザー窓をコントロールするのは，$\beta \geq 0$ というパラメータです。$N = 32$ に固定し $\beta = 1.0$，$\beta = 7.5$ としたときのカイザー窓の周波数特性を**図 9.10**，**図 9.11** に示します。サイ

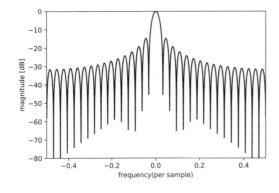

図 **9.10**  カイザー窓 ($\beta = 1.0, N = 32$)

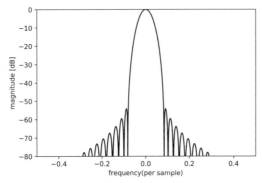

図 **9.11**  カイザー窓 ($\beta = 7.5, N = 32$)

ドローブレベルや 3 dB 帯域幅が変わっていることがわかるでしょう。この図も含め，以下の説明はリスト **9.4** の 7 行目のパラメータ ($N, \beta$) を変えながら読むと理解しやすいでしょう。

──────── リスト **9.4**（Kaiser.py）────────

```
 1  import numpy as np
 2  from scipy import signal
 3  from scipy.fftpack import fft, fftshift
 4  import matplotlib.pyplot as plt
 5
 6  N = 2**5
 7  w_kaiser = signal.kaiser(N, beta = 1)
 8  amp = 2.0*fft(w_kaiser, 2048)/N
 9  freq = np.linspace(-0.5, 0.5, len(amp))
10  magnitude = 20*np.log10(np.abs(fftshift(amp/abs(amp).max())))
11
12  plt.plot(freq, magnitude)
13  plt.axis([-0.5, 0.5, -80, 0])
14  plt.ylabel("magnitude [dB]")
15  plt.xlabel("frequency(per sample)")
16  plt.show()
```

図 9.10, 図 9.11 を見ると $\beta$ が大きくなるとサイドローブレベルが大きくなる（好ましい）代わりに，3 dB 帯域幅が広がってしまいます（これは好ましくありません）。$N$ を固定している限り，サイドローブレベルを大きくすれば，それだけ 3 dB 帯域幅は広がることは避けられません。

$\beta$ を決めればサイドローブレベルが決まりますが，逆にサイドローブを決めると $\beta$ を決める

ことができます。詳しい研究によると，サイドローブレベル $A_\mathrm{SL}$〔dB〕と $\beta$ の間には，つぎの
関係があります（Oppenheim-Schafer-Buck[6] の p. 701，(10.13)）。

$$\beta = \begin{cases} 0 & (A_\mathrm{SL} \leq 13.26) \\ 0.76608(A_\mathrm{SL}-13.26)^{0.4}+0.09834(A_\mathrm{SL}-13.26) & (13.26 < A_\mathrm{SL} \leq 60) \\ 0.12438(A_\mathrm{SL}+6.3) & (60 < A_\mathrm{SL} \leq 120) \end{cases} \quad (9.10)$$

サイドローブレベル（$A_\mathrm{SL}$）を 20 dB にしたければ

$$\beta = 0.76608(20-13.26)^{0.4}+0.09834(20-13.26) \approx 2.3062$$

とすればよいわけです。$N = 2^5 = 32$ の場合に，この $\beta$ に対するカイザー窓の周波数特性を図
**9.12** に示します。確かにサイドローブレベルは 20 dB になっているようです。

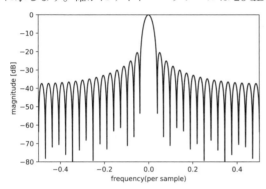

図 **9.12**　カイザー窓（$\beta = 2.3062$，$N = 2^5 = 32$）

3 dB 帯域幅を狭めるには，$N$ を大きくする必要があります。$N$ を大きくすると 3 dB 帯域幅
が狭まることを見ておきましょう。図 9.12 と同じく，$\beta = 2.3062$ として，$N = 2^6 = 64$ とし
た場合のカイザー窓の周波数特性です。

図 **9.13** を見ると，確かに 3 dB 帯域幅が狭くなっていることがわかるでしょう。

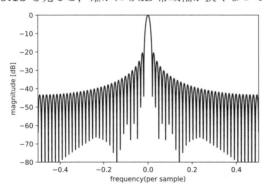

図 **9.13**　カイザー窓（$\beta = 2.3062$，$N = 2^6 = 64$）

ウィンドウ幅が $N$ のとき，3 dB 帯域幅 $\Delta_\mathrm{ML}$ とサイドローブレベル $A_\mathrm{SL}$ の関係として，つ
ぎの公式 (9.11) が知られています（Oppenheim-Schafer-Buck[6] の p. 703，(10.14)）[†]。

---

[†]　Oppenheim-Schafer-Buck[6] では，3 dB 帯域幅の定義が，私たちの使っている定義（通信工学では一般
的なもの）の半分（ラジアン表示）なので，$N \approx \dfrac{24\pi(A_\mathrm{SL}+12)}{155\Delta_\mathrm{ML}}+1$ となっています。

$$N \approx \frac{48(A_{\mathrm{SL}} + 12)}{155\Delta_{\mathrm{ML}}} + 1 \tag{9.11}$$

　例えば，サイドローブレベル $A_{\mathrm{SL}}$ が 40 dB で，3 dB 帯域幅 $\Delta_{\mathrm{ML}}$ が，0.1 となるようにするには，まず公式 (9.10) を使って，$\beta$ を求めます。

$$\beta = 0.76608(40 - 13.26)^{0.4} + 0.09834(40 - 13.26) \approx 5.4815$$

つぎに，公式 (9.11) を使って

$$N \approx \frac{48(40 + 12)}{155 \cdot 0.1} + 1 \approx 81.5$$

となることがわかります。これから，$N = 82$ を選べばよいことになります†。

## 9.5　短時間フーリエ変換と音声データの解析

　ここでは，これまでに学んできたことの集大成として，音声を扱う代表的なファイル形式である wav 形式のファイルの短時間フーリエ変換を行い，スペクトログラムを描いてみましょう。
　音声データは，時間にともなって変化する，一般に比較的長い時間のデータです。**短時間フーリエ変換**（STFT, short-time Fourier transform）というのは，関数（信号）に窓関数をずらしながら掛けた関数（信号）に対するフーリエ変換のことです。図 **9.14** をご覧ください。

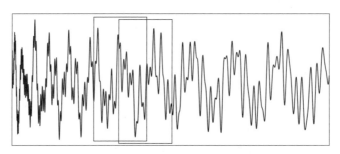

**図 9.14**　短時間フーリエ変換（フレーム）

　図 9.14 の四角で囲んである部分が，1 回にフーリエ変換される時間域です。これはフレームと呼ばれるもので，図のようにこれを時間方向にずらしながら，窓フーリエ変換がなされるわけです（図の長方形は見やすいようにわざと縦方向にずらしてあります）。隣り合うフレームでの整合性が損なわれないように，フレームをずらすときに重なり合うように（オーバラップ）させて使います。短時間フーリエ変換を数式で書けば，つぎのようになります。

$$\widehat{x_w}(t, f) = \int_{-\infty}^{\infty} w(s)x(s - t)e^{-2\pi i f s}ds \tag{9.12}$$

---

†　FFT の都合で 2 のべきにしたい場合は，ウィンドウ幅 $N$ を先に指定することもあるでしょう。

式 (9.12) の被積分関数において，$x(s-t)$ は信号 $x$ を右に（時間の正の方向に）$t$ だけシフトした信号で，これに，窓関数 $w$ を掛けてフーリエ変換したものが，$\widehat{x_w}(t,f)$ です。DFT 版はつぎのようになります。ここで，$x$ は，周期 $N$ で延長します。

$$\widehat{x_w}(n,k) = \sum_{m=0}^{N-1} w(m)x(m-n)e^{-\frac{2\pi imk}{N}} \tag{9.13}$$

時間，周波数，（窓フーリエ変換で得られた）パワースペクトル[†1]の三つ組 $(t,f,|\widehat{x_w}(t,f)|^2)$ を考え，$|\widehat{x_w}(t,f)|^2$ の大きさ（対応する信号の強さ）を色で表現したものがスペクトログラムです。ここで扱うスペクトログラムでは，パワースペクトル（の dB 表示）が使われます。つまり，以下の式に基づいて色分けします。

$$10\log_{10}(|\widehat{x_w}(t,f)|^2) = 20\log_{10}(|\widehat{x_w}(t,f)|)$$

## 9.6 wav ファイルのスペクトログラム

ここでは，実際の wav ファイルのスペクトログラムを描いてみましょう。ここで使うプログラムは，リスト **9.5** です[†2]。

このプログラムでは，8 行目で WaveAnalyzer 関数を定義し，最後の行で，WaveAnalyzer('CatMewling.wav') として，作業フォルダにある（他のフォルダにおくとエラーがでます）CatMewling.wav の解析を行います。WaveAnalyzer 関数の引数はファイル名です。ファイル名を拡張子までシングルコーテーションで囲んだものになります。WaveAnalyzer 関数は，引数で与えられたファイルの情報を表示し，その後，音声データの波形を表示し，最後にスペクトログラムを表示します。この関数には返り値はありません。一気に全部実行されるので，プロットペインなどに注意して（バージョンによっては IPython の画面をスクロールして上のほうから）見てください。

──────── リスト **9.5**（WaveAnalyzer.py）────────

```
1  import os
2  import numpy as np
3  from scipy import signal
4  from scipy.io import wavfile
5  import wave
6  import matplotlib.pyplot as plt
7
8  def WaveAnalyzer(filename):
9  # Getting information of the specified wav-file
10     path = os.getcwd() # current working directory
```

[†1] scipy では，振幅スペクトルではなく，パワースペクトルが返されます。
[†2] ライブラリのバージョンが古いと動作に問題が出る可能性があるので，実行前に，scipy ライブラリを更新しておくとよいでしょう。Anaconda を使っているなら，conda update scipy のようにしてアップデートできます。

```
11      fp - path+'/'+filename
12      wavefile = wave.open(fp, "rb")
13      rate, voice = wavfile.read(fp)
14      channels = wavefile.getnchannels() # channel
15      samplewidth = wavefile.getsampwidth() # sample width[byte]
16      fs = wavefile.getframerate() # sampling rate(frequency)
17      fn = wavefile.getnframes() # number of frames
18      if channels == 2: # stereophonic case
19          voice = np.mean(voice, axis=1) # averaging
20      N = voice.shape[0]
21      length = N/rate # length of wav file [sec]
22      print('channels',channels)
23      print('sample width[byte]',samplewidth)
24      print('sampling frequency[Hz]',fs)
25      print('number of frames', fn)
26      print("time length of wav-file[sec] {:.2f}".format(length))
27
28  # Drawing audio waveform
29      f, ax = plt.subplots(figsize=(10,5))
30      ax.plot(np.arange(N)/rate, voice)
31      ax.set_xlabel('time[sec]',fontsize=12)
32      ax.set_ylabel('amplitude',fontsize=12)
33
34  # Drawing spectrogram
35      winlength = 2**10
36      freqs, times, Sx = signal.spectrogram(voice,
37                                             fs=rate,
38                                             window='hamming',
39                                             nperseg=winlength,
40                                             detrend=False,
41                                             scaling='spectrum')
42      # to avoid RuntimeWarning: divide by zero encountered in log10
43      Sx[Sx == 0] = np.finfo(float).eps
44      f, ax = plt.subplots(figsize=(12,6))
45      ax.pcolormesh(times, freqs/1000,10*np.log10(Sx), cmap='viridis')
46      ax.set_ylabel('frequency[kHz]',fontsize=12)
47      ax.set_xlabel('time[sec]',fontsize=12)
48      wavefile.close()
49
50  WaveAnalyzer('CatMewling.wav')
```

リスト 9.5 を実行すると，最初に

```
channels 2
sample width[byte] 2
sampling frequency[Hz] 44100
number of frames 492037
time length of wav-file[sec] 11.16
```

のようにファイルの情報が表示されます。チャネルは，モノラルが 1，ステレオが 2 ですので，このファイルはステレオであることがわかります。このプログラムでは，ステレオの場合は，左右を平均しています（これが一般的な処理というわけではなく，便宜的なものです）。サンプリング周波数は，44100 Hz になっています。これは，音声データを扱う場合の標準のサンプリ

ング周波数で，サンプリング定理（定理 8.1）より，22050 Hz まで（実際には出力時に加工されるため少し下がりますが）の周波数を再現できます。人の可聴周波数は，最大でも 20000 Hz くらいなので，その周波数がカバーされています。フレーム数は 492037，wav ファイルの長さ（秒）は 11.16 秒ということになります。

つぎに，図 9.15 のような波形が表示されていると思います。CatMewling.wav は，近所で見かけた子猫の鳴き声を録音したものです（ボリュームが小さいので少し大きくして聴いてください）。

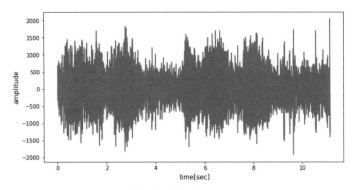

図 9.15 子猫の鳴き声（CatMewling.wav）

音波は，空気の密度の振動で，変化の方向が波の進行方向と平行な波（縦波）ですが，これを横波の形に変換しています。図 9.15 の横軸は時間で，縦軸は，この横波の振幅を $-32768 \sim 32767$ の数字（$32767 = 2^{15} - 1$）で表現したものですが，単位はありません。単位がないというのは奇妙な感じもしますが，音波をマイクで拾ったときの電圧を量子化した数字ですので，振幅に比例していることは間違いありません。周波数解析をする上ではこの数字を振幅とみなします。

図 9.16 は，CatMewling.wav のスペクトログラムです。比較的低い周波数帯に固まっていますが，9 本くらいの横線が見えるでしょう。これが，子猫の鳴き声の周波数成分のうち比較的大きなものです。はっきりわかるのは 7.5 kHz くらいまででしょうか。人の声などでも同様

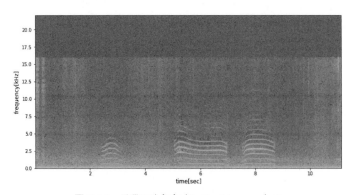

図 9.16 子猫の鳴き声（CatMewling.wav）の
スペクトログラム

の縞模様のような横線が見えるはずです。これは声紋とも呼ばれ，人によって異なるので，スペクトログラムを調べることによって誰が話しているかを聞き分けることもできます。筆者は，大学時代，友人の家に電話をして，相手が友人の弟だと気づかずに1分ほど話し込んでしまったことがあります[†1]。直接話すと違う声なのですが，電話では回路内の抵抗やコンデンサなどがバンドパスフィルタ（高周波数と低周波数をカットする）の働きをするので，起きた現象だと考えられます。彼らの声の違いは高周波成分か低周波成分にあったということです。

　人の声と異なる例としては，楽器の音があります。例えばピアノなどでは，ラの音が440 Hzになるように調整されており，半音上がると，$2^{\frac{1}{12}}$ 倍されます。つまり，ラの♯は，$440 \cdot 2^{\frac{1}{12}} \approx 466.16$ Hz となり，ソの♯は，$440 \cdot 2^{-\frac{1}{12}} \approx 415.30$ Hz となるわけです（問題9-66参照）。

　リスト9.5の34行目から47行目までは，文献[7]を参考にして書きましたが，そのままだと，`RuntimeWarning: divide by zero encountered in log10...` という Warning が表示される問題が残ります（Warning が出るだけで正しく動作しますが）。これは，`log10(0)` が存在しない（Python 上では，`-Inf` と解釈される）ためです。ここでは，この問題を回避するため，43行目に

```
Sx[Sx == 0] = np.finfo(float).eps
```

として，0の代わりに `float` 型に対するマシンイプシロンを代入しています。ここでいうマシンイプシロンとは，`float` 型として Python が扱える最小の数です。この値がいくつか知りたければ，IPython コンソールで，つぎのようにします。これがマシンイプシロンです。

```
In: np.finfo(float).eps
Out: 2.220446049250313e-16
```

　スペクトログラムを描くために，`scipy.signal.spectrogram` 関数を使っています。結構複雑なので少し詳しく説明します。SciPy.org で仕様を調べると，つぎのようになっていることがわかります。

```
scipy.signal.spectrogram(x, fs=1.0, window=('tukey', 0.25),
nperseg=None, noverlap=None, nfft=None, detrend='constant',
return_onesided=True, scaling='density', axis=-1, mode='psd')
```

　返り値は，`freq`（サンプルの周波数の ndarray 配列），`times`（セグメント時間の ndarray 配列），`Sx`（信号のスペクトログラムの2次元 ndarray 配列）の三つです。

　引数の `x` は，測定した波形の配列（array）です。`fs` はサンプリング周波数（float）で，デフォルトは1になっています。窓関数の指定は，`window` という引数で行っています。デフォルトでは，チューキー窓の形状パラメータ（shape parameter）が0.25のものになっています。WaveAnalyser 関数では，ハミング窓を指定しています[†2]。`nperseg` は，セグメント点の個数です（int）。このプログラムでは，FFT に掛ける点の個数に揃えています。FFT を使うので2のべきに取っています（ここでは，$2^{10} = 1024$ にしてあります）。`noverlap` は，オー

---

[†1] 1980年代後半の話ですが，その頃は，携帯電話はほとんど普及しておらず，各家庭に固定電話があるのが一般的だったので，こうしたことが起こりがちだったのです。

[†2] 信号について何も予備知識がないときには，ハミング窓を使う人が多いと思います。

バラップする点の個数で，デフォルト値 None(noverlap = nperseg // 8) になっています。つまりオーバラップは 1 セグメントの 1/8 になります。nfft は FFT に掛ける点の個数で，WaveAnalyser では，デフォルト値の nperseg になっています。

　スマートフォンなどで音声ファイルを作ることは難しくありません。ファイル形式を wav にするソフトウェア（またはサービス）も多数ありますので，WaveAnalyser 関数でお好みの音声ファイルを解析してみてください。

─────── **章 末 問 題** ───────

問題 9-63 **(Python)**　$N = 256$ とし，$w[32:64] = 1/(64-32)$，それ以外は 0 であるような図 **9.17** のような矩形パルスを作り，この矩形パルスを scipy.fftpack の fft 関数を用いてフーリエ変換して，振幅スペクトル（dB 表示）を表示するプログラムを作成してください（プログラム（リスト 9.1）を少し修正すればよいでしょう）。

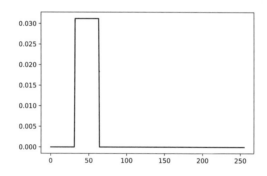

図 **9.17**　矩形パルス

問題 9-64 **(Python)**　周波数 20 Hz の正弦波を与えてフーリエ変換し，結果をグラフ（dB 表示）にしてください。

問題 9-65 **(数学)(Python)**　サイドローブレベル（$A_{\mathrm{SL}}$）が 30 dB になるような $\beta$ の値はいくつでしょうか。この $\beta$ に対応するカイザー窓の振幅スペクトル（dB 表示）を表示するプログラムを作って確かめてください（本文のプログラムを少し修正すればよいでしょう）。

問題 9-66 **(数学)**　ラの音が 440 Hz であることを使って，ド，ド♯，レ，レ♯，ミ，ファ，ファ♯，ソ，ソ♯，ラ，ラ♯，シ，ドの周波数を求めてください。

# 10 ルベーグ積分ユーザーズガイド

本書の3章，6章，7章では，関数空間の完備性や積分の順序交換，積分と極限の交換などが出てきます。ここでは，これらの章で使われている測度論（ルベーグ積分）について，ユーザ向けに，その使い方を簡単に解説します。細かい点も含めた基礎理論はややこしいのですが，使うだけならさほどでもありません。これを機会に使い方だけでも覚えてしまいましょう。

## 10.1 本 章 の 方 針

最初に本章の方針を述べておきましょう。もし，ルベーグ積分の基礎理論にはまったく興味がないという方は，普通の集合（区間や長方形，円板など）が可測集合であること，普通の関数（区分的に連続な関数など）はすべて可測関数になることを信じていただき，本章で説明する「ほとんどいたるところ」という言葉の意味とルベーグの収束定理（定理 10.5），フビニ＝トネリの定理（定理 10.6）の使い方だけ理解できれば，本文を読む上で不都合はまったくありません。

本章は，本格的な測度論（ルベーグ積分を含む一般理論）に取り組むことには躊躇するものの，まったく無視するのも気持ち悪いという人のためのものです。本章の記述は，おおむね高木貞治『解析概論』[8] の9章に沿いますが，大幅に簡略化したものになっています。記号や説明の順序なども独自に書き直しました。ここでは，可測集合や測度空間の一般論は扱いません。また，測度論で一般的に説明される事柄を網羅することもしません[†]。定理に関しては，比較的簡単に証明できるものには証明をつけますが，手間のかかるものについては，証明は示さない代わりに使い方を述べるか，定理の仮定を無視すると結論が成り立たない例を示します。定理は，本書で使う形式に限定して説明します。

## 10.2 「ほとんどいたるところ」ってどういう意味？

「ほとんどいたるところ」は，almost everywhere の和訳で，数学では省略して，a.e. と書きます。実数の部分集合の場合，「長さ0の集合」を除いて，という意味になります。「長さ0の

---

[†] 例えば，ラドン＝ニコディムの定理などは説明しません。その他，σ加法族なども説明しませんが，本書を読む上では差し支えありません。ただし，例えば，確率論を真面目に勉強すると，σ加法族やラドン＝ニコディムの定理を避けて通ることはできません。また，これら抜きにはマルチンゲール（公平な賭けに対応する概念）の定義すらできません。

集合」というのがどんなものか，例を挙げましょう。

---

**例 10.1**　　（カントールの三進集合）区間 $[0,1]$ を考えます。区間 $[0,1]$ を $C_0$ とし，ここから，区間 $(1/3, 2/3)$ を抜いた集合を $C_1$ とします。$C_1$ から，区間 $(1/9, 2/9)$, $(7/9, 8/9)$ を抜いた集合を $C_2$，さらにその区間の真ん中 $1/3$ の開区間を抜いた集合を $C_3$ とし，$\cdots$ というようにして集合を更新していくと，その極限図形 $C$ ができます。これを**カントールの三進集合**（Cantor's ternary set）といいます（**図 10.1**）。以下，カントール集合と呼ぶことにしましょう。

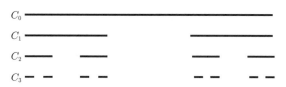

**図 10.1**　カントールの三進集合の構成法

　カントール集合の「長さ」を考えてみましょう。$C_0$ の長さは 1 です。$C_1$ の長さは，真ん中の $1/3$ がないわけですから，$1 - 1/3 = 2/3$ です。$C_2$ の長さは，$4/9 = (2/3)^2$，$C_3$ の長さは，$8/27 = (2/3)^3$ となります。一般に，$C_n$ の長さは，$(2/3)^n$ となります。$n \to \infty$ では，0 になってしまいます。つまり，極限集合 $C$ の長さは 0 ということになります。しかし，$C$ は空集合ではありません。例えば，$0, 1$ は $C$ の元になっています。$C$ の元は，$[0,1]$ の数を三進数で書いたときに 1 が現れるものを全部捨てて残った集合なので，$0.20020200022\cdots$ のような数の集まりです。これを 2 で割れば 0 と 1 の列ができます。これは，$[0,1]$ の数を二進数展開したものと一対一に対応がつくのです。これが，カントールの三進集合の名称の由来です。実数と一対一の対応がついているという意味では，結構たくさんの元があるということになります。このような集合は**零集合**（null set）（後述の定理 10.1）と呼ばれます。

---

　「ほとんどいたるところ～が成り立つ」というのは「零集合を除いて～が成り立つ」という意味なのです。

　いま，「長さ」という言葉を暗黙の了解として使いましたが，「面積」や「体積」という言葉も含めて，もう少し真面目に考えてみましょう。カントール集合だと，区間を抜いていく形で構成されるのですが，集合を「覆う」（数学では被覆といいます）方向で考えます。

　改めて数学用語をしつこくならない程度に確認していきましょう。$d$ 次元のユークリッド空間を $\mathbb{R}^d$ で表します。要するに，$d$ 個の実数の組 $(x_1, \cdots, x_d)$ の全体に普通の距離が入ったものです。$d = 1$ のときは，1 を省略して，単に $\mathbb{R}$ と書きます。

　説明のため，$d = 1, 2$ の場合を考えます。要するに数直線と座標平面を考えるわけです。$\mathbb{R}^d$ の部分集合 $E$ を考えます。このとき，$E$ を有限または可算無限個の長方形 $A_1, A_2, \cdots$ で覆うことを考えます（$d = 1$ のときは線分です）。ここで，**可算無限個**（countable）というのは，自然数と一対一の対応がつくという意味です。これは番号がつけられる無限ということです。

有限または可算無限個のことを**高々可算個**（at most countable）というように表現します。つまり

$$E \subset A_1 \cup A_2 \cup \cdots \tag{10.1}$$

とします。**図 10.2** のようにするわけです（この図では有限個の長方形で被覆していますが，一般には可算無限個になります）。$A_k$ $(k = 1, 2, \cdots)$ は全部長方形なので，その面積は縦 × 横とするのは自然でしょう（線分の場合の長さは，上端から下端を引いた値ということです。線分の端点が含まれても含まれなくてもそう定義します）。

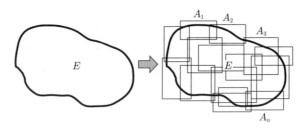

図 **10.2**　集合を被覆する

長方形 $A_k$ の面積を $|A_k|$ と書くことにしましょう。そうすると，集合 $A_1 \cup A_2 \cup \cdots$ の面積は，無限大も含めて $|A_1| + |A_2| + \cdots$ 以下だということはわかるでしょう。そのため，$E$ の面積（もしあるとすればですが）は，$|A_1| + |A_2| + \cdots$ を超えることはないわけです。集合 $E$ を長方形で覆う方法は，無限にあります。

---

**定義 10.1**　$|A_1| + |A_2| + \cdots$ の値は覆い方によって変わるが，以下の式のようにその下限（数学では，inf という記号で表す）を $E$ の**外測度**（outer measure）と定義する。

$$\overline{\mu}(E) = \inf_{\text{covering}} \sum_k |A_k|$$

---

外から測っているから外測度というわけで，わかりやすい名前ではないでしょうか。下限というのはわかったようでわからない言葉かもしれませんが，定義 10.1 の定義式では，いかなる被覆 $A_1, A_2, \cdots$ に対しても

$$\sum_k |A_k| \geq \overline{\mu}(E)$$

が成り立ち，かつ，勝手に $\epsilon > 0$ を与えたとき

$$\sum_k |A_k| - \epsilon < \overline{\mu}(E)$$

となるような被覆 $A_1, A_2, \cdots$ が存在するという意味です。カントール集合の場合，$C_0 = [0, 1]$，$C_1 = [0, 1/3] \cup [2/3, 1]$，$C_2 = [0, 1/9] \cup [1/3, 4/9] \cup [2/3, 5/9] \cup [7/9] \cup [8/9, 1]$，$\cdots$ は，いずれも $C$ を覆う線分になっています。$C$ は，$C_n$ の $n \to \infty$ とした極限図形[†1]ですが，$C_n$ の長さは，先ほど考えたとおり $(2/3)^n$ なのですから，$n$ を大きく取れば，いくらでも小さくなるわけです。つまり，カントール集合 $C$ の外測度は，$\overline{\mu}(C) = 0$ ということになるわけです。外測度は明らかに**単調性**（monotonicity）を持ちます。つまり，$A \subset B$ であれば

$$\overline{\mu}(A) \leqq \overline{\mu}(B)$$

が成り立ちます。$B$ の被覆は $A$ の被覆でもあるわけですから当たり前でしょう。

外測度は，つぎの**劣加法性**（subadditivity）を持ちます（無限大も含め）。これも単調性と同様，感覚的に理解できるでしょう。

$$\overline{\mu}(A_1 \cup A_2 \cup \cdots) \leqq \overline{\mu}(A_1) + \overline{\mu}(A_2) + \cdots$$

つぎにルベーグ可測集合を定義しましょう（カラテオドリ[†2]流の定義）。

---

**定義 10.2（ルベーグ可測集合）**    $\mathbb{R}^d$ の部分集合 $A$ がルベーグ可測（または単に可測）であるとは，$\mathbb{R}^d$ のどんな部分集合 $E$ に対しても

$$\overline{\mu}(E) = \overline{\mu}(E \cap A) + \overline{\mu}(E \cap A^c)$$

が成り立つ。また，可測集合 $A$ に対し，$\mu(A) = \overline{\mu}(A)$ を $A$ の**ルベーグ測度**（Lebesgue measure），または単に測度という。

---

外測度が 0 であるような集合は，先ほども書いたとおり零集合といいますが，零集合は可測でしょうか。カラテオドリ流の定義を確認する意味もあるので，つぎを証明しておきましょう。

---

**定理 10.1**    零集合は可測である。

---

証明    $A$ を零集合とします。つまり，$\overline{\mu}(A) = 0$ とします。$E$ を勝手な集合としましょう。外測度は劣加法性を持ちますから

$$\overline{\mu}(E) \leqq \overline{\mu}(E \cap A) + \overline{\mu}(E \cap A^c) \tag{10.2}$$

はいつでも成り立ちます。一方，$\overline{\mu}(E \cap A) \leqq \overline{\mu}(A) = 0$ で，$\overline{\mu}(E \cap A^c) \leqq \overline{\mu}(E)$ ですから

---

[†1]  感覚的にはわかるかと思いますが，$C = C_0 \cap C_1 \cap \cdots$ になります。要するに $C$ の要素は，すべての $C_n$ たちの要素でもあります。

[†2]  コンスタンティン・カラテオドリ（Constantin Carathéodory）は，ギリシャの数学者です。

$$\overline{\mu}(E \cap A) + \overline{\mu}(E \cap A^c) \leqq 0 + \overline{\mu}(E) \tag{10.3}$$

式 (10.2), (10.3) を合わせれば

$$\overline{\mu}(E) \leqq \overline{\mu}(E \cap A) + \overline{\mu}(E \cap A^c) \leqq \overline{\mu}(E)$$

となります。これはつぎのようになることを示しています。つまり，$A$ は可測集合です。

$$\overline{\mu}(E) = \overline{\mu}(E \cap A) + \overline{\mu}(E \cap A^c) \qquad \square$$

私たちが普通に想像できる集合は大体何でも可測なのですが，すべて可測集合になるわけではありません。応用上，可測性が問題になることはほとんどないのですが，非可測集合が存在するという事実はとても重要です[†]。じつは，非可測集合を実際に構成するのはとても大変です。可測集合はつぎのような性質を持ちます。

---

**定理 10.2**

(1)　∅ は可測集合

(2)　$A$ が可測集合なら，$A^c$ も可測集合

(3)　高々可算個の集合 $A_1, A_2, \cdots$ が可測であれば，$A_1 \cup A_2 \cup \cdots$ も可測集合

---

区間や長方形などはもちろん可測集合で，これらでいくらでもよく近似できる集合は何でも可測集合です。測度について重要な性質は，完全加法性と呼ばれるつぎの性質です。高々可算個の可測集合の列 $A_1, A_2, \cdots$ のどの二つも交わりがなければ，（無限大も含め）以下の式が成り立ちます。

$$\mu(A_1 \cup A_2 \cup \cdots) = \mu(A_1) + \mu(A_2) + \cdots$$

## 10.3　積分の定義と役に立つ極限定理

可測集合が定義できれば，可測関数も定義でき，積分も定義できます。

---

**定義 10.3**　$t = (t_1, t_2, \cdots, t_d) \in \mathbb{R}^d$ に対し，実数値の関数 $x(t)$ が可測であるとは，任意の実数 $a$ に対して $\{t \mid x(t) > a\}$ が可測であるということである。

---

[†]　存在を無視すると奇妙な話になります。最も有名なものとして，バナッハ＝タルスキーのパラドックス（Banach-Tarski paradox）と呼ばれる「定理」があります。これは，3 次元の球体を，有限個の非可測集合に分け，それらを回転と平行移動させてうまく組み替えることで，もとの球と同じ半径の球を二つ作ることができるという定理です。これは選択公理と呼ばれる前提のもとで論理的に「真」なのです。直観に反する定理ですが（だからパラドックスなのですが），この話の重要なポイントは，非可測集合に分けているところです。

この定義だけだと少しイメージがわかないかもしれませんが，少し考えると，任意の区間 $I$（開区間でも閉区間でも半開区間でも）に対し，$\{t \mid x(t) \in I\}$ が可測であるということが導かれます。まず，単関数とその積分を定義します。

---

**定義 10.4**　$\mathbb{R}^d$ の部分集合 $A$ に対し

$$\mathbf{1}_A(t) = \begin{cases} 1 & (t \in A) \\ 0 & (t \notin A) \end{cases}$$

を $A$ の**定義関数**（indicator function）といい，$\mathbb{R}^d$ の部分集合 $A_1, A_2, \cdots, A_n$ に対し，定数 $c_1, c_2, \cdots, c_n$ を定数としたとき，以下の式を**単関数**（simple function）という。

$$x(t) = c_1 \mathbf{1}_{A_1}(t) + \cdots c_n \mathbf{1}_{A_n}(t)$$

---

**定義 10.5**　$A_1, A_2, \cdots, A_n$ はすべて $\mathbb{R}^d$ の可測部分集合で，測度が有限であるとする。このとき，非負の単関数

$$x(t) = c_1 \mathbf{1}_{A_1}(t) + \cdots + c_n \mathbf{1}_{A_n}(t)$$

に対し，その積分を以下の式で定義する。

$$\int_{\mathbb{R}^d} x\,d\mu = c_1 \mu(A_1) + \cdots + c_n \mu(A_n)$$

---

**定義 10.6**　$\mathbb{R}^d$ の非負単関数の列 $x_1(t) \leqq x_2(t) \leqq \cdots \leqq x_n(t) \leqq \cdots$ で

$$\lim_{n \to \infty} x_n(t) = x(t)$$

となるものとする。このとき，$x$ の積分をつぎのように定義する。

$$\int_{\mathbb{R}^d} x\,d\mu = \lim_{n \to \infty} \int_{\mathbb{R}^d} x_n\,d\mu$$

---

この定義を見ると，単調増加な近似列が存在するような，特別な $x(t)$ に対してのみ積分を定義しているような印象を受けると思いますが，任意の非負可測関数に対してこのような近似列を構成することができ，しかも積分値は近似列の取り方によらないことが知られています。ここで非負の場合だけ定義しましたが，もちろん，負の値を取る場合にも定義できます。負の値を取る場合にはつぎのようにします。

**定義 10.7**　　$x(t)$ の非負の部分 $x^+(t) = \max\{x(t), 0\}$ と非正の部分 $x^-(t) = -\max\{-x(t), 0\}$ を考えると，$x(t) = x^+(t) - x^-(t)$ と書けるため，その積分をつぎのように定義する。

$$\int_{\mathbb{R}^d} x d\mu = \int_{\mathbb{R}^d} x^+ d\mu - \int_{\mathbb{R}^d} x^- d\mu$$

右辺の第 1 項と第 2 項がともに有限である。つまり

$$\int_{\mathbb{R}^d} |x| d\mu < \infty$$

となるとき，$x$ は**可積分**である，または $\boldsymbol{L^1}$ **条件**を満たすという。

---

　リーマン積分（区分求積法を思い出してください）では，$t$ を区切って短冊を作り，その合計を求め，短冊の幅を 0 に近づけた極限を考えたわけです。主役は $t$ でした。これに対して，ルベーグ積分の世界では，関数 $x$ が主役です。$x$ を近似する単関数の近似列は，関数 $x$ の都合で決まるからです。これが，ルベーグ積分がリーマン積分よりも広い範囲の関数を合理的に扱える理由の一つです。そもそも定義からして，$t$ の範囲は初めから眼中にありません。

　可測集合 $E$ に対する可測関数 $x(t)$ の積分を

$$\int_E x d\mu = \int_{\mathbb{R}^d} \mathbf{1}_E x d\mu$$

のように関数を制限して考えます（もちろん $x(t)$ が $E$ でのみ定義されている場合も同じです）。特に，1 次元のときに，普通の積分のように $a$ から $b$ までを積分するような場合は

$$\int_a^b x d\mu = \int_{\mathbb{R}} \mathbf{1}_{(a,b)} x d\mu$$

のように表現します。ここでは，測度を強調するため，$d\mu$ のように書いていますが，誤解の恐れがなければ，通常の積分の記号でつぎのように書きます。

$$\int_{-\infty}^{\infty} x(t) dt, \quad \int_a^b x(t) dt$$

　3 章で，$L^2$ ノルムが 0 の関数は必ずしも 0 にならない，ということを少しだけ書きました。私たちは，すでにルベーグ積分を知っていますので，この意味をさらに正確に理解することができます。例えば，カントール集合 $C$ の定義関数 $\mathbf{1}_C(t)$ を考えると，その積分は

$$\int_{-\infty}^{\infty} \mathbf{1}_C(t) d\mu = \mu(C) = 0$$

になります。しかし，$\mathbf{1}_C(t)$ は，定数 0 にはなりません。ほとんどいたるところ 0 なだけです。これを，$\mathbf{1}_C = 0$ a.e. と書きます†。

---

†　確率論では，a.s.=almost surely を使います。

積分の定義から導かれる「積分と極限記号の順序交換をする定理」の代表的なものが，**単調収束定理**（monotone convergence theorem）（定理 10.3）と**ルベーグの収束定理**（Lebesgue's convergence theorem）（定理 10.5）です。ルベーグの収束定理は，**優収束定理**（dominated convergence theorem）とも呼ばれます。本書では，ルベーグの収束定理を定理 6.1，定理 7.2 の証明で使っています。

---

**定理 10.3（単調収束定理）**　　$E \subset \mathbb{R}^d$ で定義された可測関数の増大（非減少）列 $x_1(t) \leq x_2(t) \leq \cdots$ が，$x$ に各点で収束するなら，$x$ は可測関数であり，以下の等式が成り立つ。

$$\lim_{n \to \infty} \int_{\mathbb{R}^d} x_n d\mu = \int_{\mathbb{R}^d} x d\mu$$

---

単調収束定理（定理 10.3）は，$x_n$ が単関数の場合は，積分の定義そのものですので自明ですが，$x_n$ が単関数でない場合は自明ではありません。きちんと証明するのは少し手間がかかるので，ここではこれを認めることにします。その代わりに，単調収束定理（定理 10.3）を起点として，本書で何度も利用しているルベーグの収束定理（定理 10.5）が**ファトゥーの補題**（Fatou's lemma）（定理 10.4）を経由して導出できる過程については，きちんと説明します。ここでは単調増加列（単調非減少列）の場合だけですが，単調減少列の場合でも符号を変えれば単調増加列になるので，定理 10.3 の結果が成立します。

つぎのファトゥーの補題も単調収束定理とセットで紹介されます。まずステートメントを書いてから，その意味を説明しましょう。

---

**定理 10.4（ファトゥーの補題）**　　$\{x_n\}_{n=1}^{\infty}$ が，$x_n \geq 0$ a.e. を満たすならつぎのようになる。

$$\int_{\mathbb{R}^d} \varliminf_{n \to \infty} x_n d\mu \leq \varliminf_{n \to \infty} \int_{\mathbb{R}^d} x_n d\mu$$

---

ファトゥーの補題に現れた $\varliminf\limits_{n \to \infty}$ という記号は下極限と呼ばれるものです。これは

$$\varliminf_{n \to \infty} a_n = \lim_{n \to \infty} \left( \inf_{k \geq n} a_k \right)$$

という意味です。ここで実数の部分集合 $A$ の下限 $\inf A$ とは，任意の $a \in A$ に対し，$a \geq \inf A$ が成り立ち，かつ，勝手な $\epsilon > 0$ に対し，$a > \inf A - \epsilon$ となるような $a \in A$ が存在するという意味です。つまり，$\inf A$ にいくらでも近い $A$ の元があるということを意味しています。もちろん $A$ に最小値があるなら $\inf A = \min A$ になります。一般に極限値はあるのかないのかわかりませんが，下極限はいつでも存在します（極限が存在するなら $\lim\limits_{n \to \infty} a_n = \varliminf\limits_{n \to \infty} a_n$ です）。

例えば, $a_n = (-1)^n + \dfrac{1}{n}$ $(n = 1, 2, \cdots)$ という数列を考えると, $\lim\limits_{n\to\infty} a_n$ は存在しませんが, $\varliminf\limits_{n\to\infty} a_n = -1$ となります。同様に上下関係をひっくり返したものを上極限といい, $\varlimsup\limits_{n\to\infty} a_n$ で表します。いまの例の場合はもちろん, $\varlimsup\limits_{n\to\infty} a_n = 1$ になります。ファトゥーの補題 (定理 10.4) は, 単調収束定理 (定理 10.3) で, $x_n$ の代わりに, $y_n = \inf\limits_{k\geq n} x_k$ とおけばよいだけです。$y_1 \leq y_2 \leq \cdots$ となるのは明らかですので, 単調収束定理 (定理 10.3) が使えるわけです (これだけでは証明は完全ではありません。問題 10-70 参照)。

---

**定理 10.5** (ルベーグの収束定理)   $\mathbb{R}^d$ の可測関数列 $x_1(t), x_2(t), \cdots$ が, ある $n$ によらない可積分関数 $M(t)$ に対して, ほとんどいたるところ $|x_n(t)| \leq M(t)$ を満たすものとする。$x_n$ が $x$ にほとんどいたるところ収束するなら, 以下の等式が成り立つ。

$$\lim_{n\to\infty} \int_{\mathbb{R}^d} x_n d\mu = \int_{\mathbb{R}^d} x d\mu \tag{10.4}$$

---

**証明**   $-M(t) \leq x_n(t) \leq M(t)$ a.e. なので, $z_n(t) = x_n(t) + M(t)$ (ほとんどいたるところ正) に対して, ファトゥーの補題 (定理 10.4) を適用すれば

$$\int_{\mathbb{R}^d} \varliminf_{n\to\infty} z_n d\mu \leq \varliminf_{n\to\infty} \int_{\mathbb{R}^d} z_n d\mu$$

となりますが, $x_n$ は $x$ にほとんどいたるところ収束するので

$$\int_{\mathbb{R}^d} (x + M) d\mu \leq \varliminf_{n\to\infty} \int_{\mathbb{R}^d} (x_n + M) d\mu$$

となり

$$\int_{\mathbb{R}^d} x d\mu \leq \varliminf_{n\to\infty} \int_{\mathbb{R}^d} x_n d\mu$$

となることがわかります。一方, $M(t) - x_n(t)$ に対してファトゥーの補題 (定理 10.4) を使えば

$$\int_{\mathbb{R}^d} (M - x) d\mu \leq \varliminf_{n\to\infty} \int_{\mathbb{R}^d} (M - x_n) d\mu$$

となります。$\varliminf\limits_{n\to\infty} (-x_n) = -\varlimsup\limits_{n\to\infty} x_n$ であることから

$$-\int_{\mathbb{R}^d} x d\mu \leq -\varlimsup_{n\to\infty} \int_{\mathbb{R}^d} x_n d\mu$$

となるので

$$\varlimsup_{n\to\infty} \int_{\mathbb{R}^d} x_n d\mu \leq \int_{\mathbb{R}^d} x d\mu \leq \varliminf_{n\to\infty} \int_{\mathbb{R}^d} x_n d\mu$$

が得られます。もともと

$$\varliminf_{n\to\infty} \int_{\mathbb{R}^d} x_n d\mu \leq \varlimsup_{n\to\infty} \int_{\mathbb{R}^d} x_n d\mu \tag{10.5}$$

ですので，けっきょく，式 (10.5) において等号が成立します（上極限と下極限が一致すれば極限も存在し，これら三つは一致します）。つまり以下の式が存在して，式 (10.4) が成り立つことがわかります。

$$\lim_{n\to\infty}\int_{\mathbb{R}^d}x_n d\mu = \varliminf_{n\to\infty}\int_{\mathbb{R}^d}x_n d\mu = \varlimsup_{n\to\infty}\int_{\mathbb{R}^d}x_n d\mu = \int_{\mathbb{R}^d}x d\mu \qquad \square$$

定理 10.5 では，$n$ は番号ですが，連続なパラメータでも同様の結果が成り立ちます。

本文にも利用例（定理 6.1，定理 7.2）がありますが，ここで練習してみましょう。

---

**例題**　つぎの極限を求めてください。

$$\lim_{n\to\infty}\int_0^\infty \frac{ne^{-t}}{n^2t^2+1}dt$$

---

**【解答】**　被積分関数は難しい形をしていますので，積分を直接計算して極限値を計算することはできそうにありません。そこで，まず $s=nt$ と変数変換しましょう。

$$\int_0^\infty \frac{ne^{-t}}{n^2t^2+1}dt = \int_0^\infty \frac{e^{-s/n}}{s^2+1}ds$$

となります。ここで

$$\frac{e^{-s/n}}{s^2+1} \leqq \frac{1}{s^2+1}$$

となりますが，$M(t)=\dfrac{1}{s^2+1}$ とすれば，$M(t)$ は可積分ですので，ルベーグの収束定理（定理 10.5）が使えます。

$$\lim_{n\to\infty}\frac{e^{-s/n}}{s^2+1} = \frac{1}{s^2+1}$$

であることから，つぎのようになることがわかります。

$$\lim_{n\to\infty}\int_0^\infty \frac{ne^{-t}}{n^2t^2+1}dt = \int_0^\infty \frac{1}{s^2+1}ds = \left[\tan^{-1}s\right]_0^\infty = \frac{\pi}{2}$$

本書でも $L^2$ という関数空間を扱いましたが，この観点で最も重要なのは**完備性**（completeness）です。関数空間を考えるということは，要するに関数を「点」とみなすということです。点と点の距離のように $L^2$ では関数どうしの距離をノルムを使って測りました。解析学は極限を扱うためにある，といってもよいくらい，頻繁に極限を扱います。関数空間では，関数の列 $x_1, x_2, \cdots$ の極限を考えるのですが，極限がもとの関数空間の範囲に収まってくれるかが問題です。というのは，例えば，$\sqrt{2}$ を近似する有理数の列 $1, 1.4, 1.41, 1.414, 1.4142, \cdots$ は，当たり前ですが，$\sqrt{2}$ にだんだん近づいていきます。しかし，極限値の $\sqrt{2}$ は有理数ではありません。関数空間でこのようなことが起きると困ってしまいます。しかし，$\mathbb{R}^d$ の可測部分集合 $\Omega$ と $p \geqq 1$ に対し

$$L^p(\Omega) = \left\{x \mid x \text{ は可測関数}, \int_\Omega |x(t)|^p dx < \infty\right\}$$

として，ノルムを

$$\|x\|_{L^p(\Omega)} = \left( \int_\Omega |x(t)|^p dt \right)^{1/p}$$

と定めると，$L^p(\Omega)$ においては，極限がこの空間の外側には飛んでいかないことが示せます。$p = 1$ のときが，$L^1$ 空間，$p = 2$ のときが，$L^2$ 空間です。

極限が飛んでいかない，ということを数学的に表現するにはどうしたらよいでしょう。数値計算（ニュートン法のような反復解法）をやったことがあれば，計算の終了条件として，値が更新されなくなったら（ほとんど動かなくなったら）終了するようにしたことがあるでしょう。

説明のために（これ自身は必要ないといえばないのですが），ニュートン法で $\sqrt{2}$ を求めるプログラム（リスト 10.1）を示します。ニュートン法の説明は省略します。

――――――――――――― リスト 10.1（Newton.py）―――――――――――――

```
 1  def x(t):
 2      return t**2-2
 3
 4  def dx(t):
 5      return 2*t
 6
 7  MAX = 100
 8  eps = 0.001
 9  t = 1
10
11  for k in range(MAX):
12      t_old = t
13      t = t - x(t)/dx(t)
14      if abs(t-t_old)<eps:
15          print(t)
16          break
```

ここでは，プログラムの動作原理はあまり重要ではありません。重要なのは，if 文です。14 行目では，更新前の $t$ の値（t_old）と更新後の $t$ の値 t の差が，eps（ここでは 0.001）よりも小さくなったら計算を打ち切るようになっています。この場合は，$t_n$（更新後の値）と $t_{n-1}$（更新前の値）の差を見ているわけです。ここで面白いのは，私たちは前提として極限値を知らないわけですので（$\sqrt{2}$ であれば多くの桁を覚えている猛者もいるでしょうけれど），極限値を出さない形の終了条件になっているという点です。このアイデアを拡張すると，**コーシー列**（Cauchy sequence）という概念に到達します。

**定義 10.8**    $L^p(\Omega)$ の（関数列）$\{x_n\}_{n=1}^\infty$ が，コーシー列であるとは，勝手な $\epsilon > 0$ に対し，ある番号 $N$ があって，$m, n \geq N$ となる番号すべてに対して，$\|x_m - x_n\|_{L^p(\Omega)} < \epsilon$ となることをいう。

コーシー列では，極限値が現れていないので，これだけでは $\lim_{n \to \infty} x_n$ がどのようなものなのかわかりません。じつは，$L^p(\Omega)$ のコーシー列に対しては，必ずある $x_0$ という $L^p(\Omega)$ の元が

存在して，$\lim_{n\to\infty} x_n = x_0$ となること，つまり，$\lim_{n\to\infty} \|x_n - x_0\|_{L^p(\Omega)} = 0$ となることがわかっています。これを $L^p(\Omega)$ の完備性といいます。可測関数という概念を導入したことで，初めて完備性が成り立つようになったのです[†]。

## 10.4　リーマン＝ルベーグの補題

　積分の定義の直接の応用として，積み残しだった，リーマン＝ルベーグの補題（定理 6.2）を証明してみましょう。積分の定義を理解するのによい素材だと思います。リーマン＝ルベーグの補題としては定理 2.3 もありますが，これについては問題 10-73 を参照してください。

---

**定理 6.2**（リーマン＝ルベーグの補題）　　$x(t)$ が可積分であれば，$\lim_{f\to\pm\infty} \widehat{x}(f) = 0$ が成り立つ。

---

**証明**　$x$ の積分は，単関数の列 $x_n (n = 1, 2, \cdots)$ を用いてつぎのように定義しました。

$$\int_{-\infty}^{\infty} x(t)dt = \lim_{n\to\infty} \int_{-\infty}^{\infty} x_n(t)dt$$

したがって，$x(t)$ が可積分であれば，任意の $\epsilon > 0$ に対して，適当な単関数 $x_*(t)$ があって

$$\int_{-\infty}^{\infty} |x(t) - x_*(t)|dt < \frac{\epsilon}{2}$$

となるようにできます。ここで

$$x_*(t) = \sum_{j=1}^{n} c_j \mathbf{1}_{[a_j, b_j]}(t)$$

と書くことができます。$c_j$ は定数です。ここで

$$\widehat{\mathbf{1}_{[a,b]}}(f) = \int_a^b e^{-2\pi i f t}dt = \left[-\frac{e^{-2\pi i f t}}{2\pi i f}\right]_a^b = \frac{e^{-2\pi i a f} - e^{-2\pi i b f}}{2\pi i f}$$

を用意しておきます。すると，$x_*(t)$ のフーリエ変換は

$$|\widehat{x_*}(f)| = \left|\sum_{j=1}^{n} c_j \widehat{\mathbf{1}_{[a_j, b_j]}}(f)\right| = \left|\frac{1}{2\pi i f} \sum_{j=1}^{n} c_j (e^{-2\pi i a_j f} - e^{-2\pi i b_j f})\right|$$

$$\leq \frac{1}{\pi|f|} \sum_{j=1}^{n} |c_j|$$

が成り立ちますから，定数 $K = \frac{1}{\pi} \sum_{j=1}^{n} |c_j|$ に対して以下の式が成り立つことになります。

---

[†]　形式的には，関数列の間にうまく同値関係 $\sim$ を定め，$\sim$ で類別すれば，完備になる（完備化）のですが，同値類のまま議論するのは（不可能ではないにしても）とても大変です。

$$|\widehat{x_*}(f)| \leq K|f|^{-1} \tag{10.6}$$

よって, $f \to \pm\infty$ のとき, $\widehat{x_*}(f) = 0$ となります。ここで, $\widehat{x}(f)$ と $\widehat{x_*}(f)$ の差を考えると

$$|\widehat{x}(f) - \widehat{x_*}(f)| = \left|\int_{-\infty}^{\infty}(x(t) - x_*(t))e^{-2\pi ift}dt\right| \leq \int_{-\infty}^{\infty}|x(t) - x_*(t)|dt < \epsilon/2$$

となります。式 (10.6) より, $|f| > 2K/\epsilon$ であれば, $|\widehat{x_*}(f)| < \epsilon/2$ であり, このとき

$$|\widehat{x}(f)| \leq |\widehat{x}(f) - \widehat{x_*}(f)| + |\widehat{x_*}(f)| < \epsilon/2 + \epsilon/2 = \epsilon$$

となります。これは, $f \to \pm\infty$ のとき, $\widehat{x}(f) \to 0$ であることを示しています。    $\square$

この証明では, $x$ の滑らかさどころか連続性すら仮定していないことに注意してください。

## 10.5    積分の順序交換

重積分の積分の順序交換をする際に使われるのがフビニ＝トネリの定理（定理 10.6）です[†]。本書では, 定理 6.1, 定理 7.2 の証明で使っています。フビニの定理とトネリの定理を合わせたもので, もともとはかなりややこしいステートメントなのですが, ここでは本書で使っているシンプルな部分だけ取り出しましょう。

---

**定理 10.6**（フビニ＝トネリの定理（2 次元版））    $x(s,t)$ を $\mathbb{R}^2$ の可測関数とする。このとき, $x(s,t)$ が $\mathbb{R}^2$ の関数として可積分, すなわち

$$\int_{-\infty}^{\infty}\int_{-\infty}^{\infty}|x(s,t)|dsdt < \infty$$

であれば

$$\int_{-\infty}^{\infty}x(s,t)ds, \quad \int_{-\infty}^{\infty}x(s,t)dt$$

はおのおの $t, s$ の関数として可測かつ可積分で以下の式が成り立つ。

$$\int_{-\infty}^{\infty}\left\{\int_{-\infty}^{\infty}x(s,t)ds\right\}dt = \int_{-\infty}^{\infty}\left\{\int_{-\infty}^{\infty}x(s,t)dt\right\}ds$$

---

ここでは, 記号が煩雑になることを避けるため, 2 次元の場合だけ示していますが, さらに次元を上げても成り立ちます（3 次元の場合の適用例が, 定理 7.2 の証明で使われています）。ここで, 仮定を満たさない関数では積分の順序交換ができない例を挙げておきましょう（よく知られた例です）。二重積分 (10.7) を考えます。これは, 広義積分の累次積分の意味で考えます（後でわかるように, ルベーグ積分の意味では可積分ではないので）。

---

[†]    グイド・フビニ (Guido Fubini), レオニダ・トネリ (Leonida Tonelli) は, イタリアの数学者です。

$$\int_0^1 \int_0^1 \frac{s^2 - t^2}{(s^2 + t^2)^2} ds dt \tag{10.7}$$

式 (10.7) の被積分関数は可積分ではありません。つまり

$$\int_0^1 \int_0^1 \left| \frac{s^2 - t^2}{(s^2 + t^2)^2} \right| ds dt = \infty$$

となってしまいます（問題 10-74 参照）。式 (10.7) を $t$ で積分してから $s$ で積分したものと，$s$ で積分してから $t$ で積分したものの値を求めてみましょう。

$$
\begin{aligned}
\int_0^1 \left\{ \int_0^1 \frac{s^2 - t^2}{(s^2 + t^2)^2} dt \right\} ds &= \int_0^1 \left\{ \int_0^1 \left( \frac{1}{s^2 + t^2} - \frac{2t^2}{(s^2 + t^2)^2} \right) dt \right\} ds \\
&= \int_0^1 \left\{ \int_0^1 \left( \frac{1}{s^2 + t^2} + t \frac{d}{dt} \left( \frac{1}{s^2 + t^2} \right) \right) dt \right\} ds \\
&= \int_0^1 \left( \int_0^1 \frac{1}{s^2 + t^2} dt + \int_0^1 t \frac{d}{dt} \left( \frac{1}{s^2 + t^2} \right) dt \right) ds \\
&= \int_0^1 \left( \int_0^1 \frac{1}{s^2 + t^2} dt + \left[ \frac{t}{s^2 + t^2} \right]_0^1 - \int_0^1 \frac{1}{s^2 + t^2} dt \right) ds \\
&= \int_0^1 \frac{1}{s^2 + 1} ds = \left[ \tan^{-1} s \right]_0^1 = \frac{\pi}{4}
\end{aligned}
$$

となります。$s$ と $t$ を入れ替えて計算すればつぎのようになり，違う答えになってしまいます。

$$\int_0^1 \left\{ \int_0^1 \frac{s^2 - t^2}{(s^2 + t^2)^2} ds \right\} dt = -\frac{\pi}{4}$$

積分の順序交換はいつでもできるというわけではないのです。

　ルベーグ積分のユーザ向け解説としては，黒田成俊『関数解析』[9] の付録がシンプルで読みやすいと思います。ルベーグ積分を本格的に勉強してみようという方は，本書で下敷きにした高木貞治[8] を読むとよいでしょう。筆者の学生時代には，伊藤清三[10] がよく読まれていました。フィールズ賞受賞者であるテレンス・タオによる文献[11] も人気があり，問題に立ち向かう際の「戦略」について書かれている点がユニークです。いずれも読み通すにはかなりの忍耐を必要とすると思います。実用派の人は，定理の主張はとりあえず認めて使い方の練習をするとよいでしょう。

──────── 章 末 問 題 ────────

問題 10-67 （**数学**）　$\mathbb{R}^d$ の有限部分集合 $F$ が零集合であることを証明してください。

問題 10-68 （**数学**）　$\mathbb{R}^d$ の可算部分集合 $G$ が零集合であることを証明してください。ここで可算とは，集合に過不足なく番号が振れる（自然数と一対一の対応がつく）ということを意味します。例えば，有理数の全体などは可算集合であることが知られていますので，零集合になります。

問題 10-69 （**数学**）　定理 10.2 の (1) と (2) を証明してください。

問題 10-70 （**数学**）　単調収束定理（定理 10.3）を仮定して，以下の順にファトゥーの補題（定理 10.4）を証明してください。

(1) つぎの不等式を証明してください。

$$\int_{\mathbb{R}^d} \inf_{m \geq n} x_m d\mu \leqq \inf_{m \geq n} \int_{\mathbb{R}^d} x_m d\mu$$

(2) $y_n = \inf_{k \geq n} x_k$ に対して単調収束定理を適用してファトゥーの補題を証明してください。

問題 10-71 （**数学**）　つぎの極限を求めてください。

$$\lim_{n \to \infty} \int_{-\infty}^{\infty} \frac{n e^{-t^2}}{n^2 t^2 + 1} dt$$

問題 10-72 （**数学**）　つぎの極限を求めてください。

$$\lim_{n \to \infty} \int_0^1 t^n e^{-t} dt$$

問題 10-73 （**数学**）　$L^1(a, b)$ の関数 $x(t)$ に対するリーマン＝ルベーグの補題（定理 2.3）

$$\lim_{n \to \infty} \int_a^b x(t) \left\{ \begin{array}{c} \cos 2\pi f_0 n t \\ \sin 2\pi f_0 n t \end{array} \right\} dt = 0$$

を証明してください。

問題 10-74 （**数学**）　式 (10.7)，すなわち，つぎのようになることを証明してください。

$$\int_0^1 \int_0^1 \left| \frac{s^2 - t^2}{(s^2 + t^2)^2} \right| ds dt = \infty$$

# 引用・参考文献

1 ) 中村　周：フーリエ解析，朝倉書店 (2003)
2 ) Abdul J. Jerri：The Gibbs Phenomenon in Fourier Analysis, Splines and Wavelet Approxi-mations, Kluwer Academic Publishers (1998)
3 ) James S. Walker：Fourier Analysis, Oxford University Press (1988)
4 ) Ingrid Daubechies：Ten Lectures on Wavelets, CBMS-NSF Regional Conference Series in Applied Mathematics (1992)
5 ) James W. Cooley and John W. Tukey：An Algorithm for the Machine Calculation of Complex Fourier Series, Mathematics of Computation, **19**, 297-301 (1965)
6 ) Alan V. Oppenheim, Ronald W. Schafer, John R. Buck：Discrete-Time Signal Processing, 2nd Edition, Prentice-hall Signal (1999)
7 ) Juan Nunez-Iglesias, Stéfan van der Walt, Harriet Dashnow 著，山崎邦子，山崎康宏 訳：エレガントな SciPy – Python による科学技術計算，オライリージャパン (2018)
8 ) 高木貞治：解析概論（改訂第三版），岩波書店 (1961)
9 ) 黒田成俊：関数解析，共立出版 (1980)
10) 伊藤清三：ルベーグ積分入門 (新装版)，裳華房 (2017)
11) テレンス・タオ 著，舟木直久 監訳，乙部厳己 訳：テレンス・タオ ルベーグ積分入門，朝倉書店 (2016)

# 章末問題略解

## 1章

1章についてはやや手間のかかるもののみ解答をつけてあります。

問題 1-7 Pyplot ベースのみ示します。例えばリスト **A.1** のようにすればよいでしょう。

―――――――――――― リスト **A.1**（ex1-7.py）――――――――――――

```
1  import matplotlib.pyplot as plt
2  import numpy as np
3
4  def stepfun2(t):
5      if t >= 1:
6          return np.exp(-(t-1)**2)
7      elif t >= 0:
8          return 1
9      else:
10         return np.cos(10*t)
11
12 npstepfun2 = np.vectorize(stepfun2)
13
14 t = np.linspace(-2,5,1024)
15 plt.plot(t,npstepfun2(t))
16 plt.show()
```

math ライブラリを使って，リスト **A.2** のようにしてもよいかと思います。

―――――――――――― リスト **A.2**（ex1-7math.py）――――――――――――

```
1  import matplotlib.pyplot as plt
2  import numpy as np
3  import math
4
5  def stepfun2(t):
6      if t >= 1:
7          return math.exp(-(t-1)**2)
8      elif t >= 0:
9          return 1
10     else:
11         return math.cos(10*t)
12
13 npstepfun2 = np.vectorize(stepfun2)
14
15 t = np.linspace(-2,5,1024)
16 plt.plot(t,npstepfun2(t))
17 plt.show()
```

問題 1-8 Pyplot ベースのみ示します。例えばリスト **A.3** のようにすればよいでしょう。

────── リスト **A.3**（ex1-8.py）──────

```
1 import matplotlib.pyplot as plt
2 import numpy as np
3 t = np.linspace(-3, 3, 1000)
4 plt.plot(t, np.exp(-t**2)*np.sin(20*t),color='red',linestyle='dashed',
    linewidth=3.0)
5 plt.title('sample graph $x(t)=e^{-t^2}\sin(20t)$')
6 plt.xlabel('t')
7 plt.ylabel('x')
8 plt.show()
```

問題 1-10 Pyplot ベースのみ示します。例えばリスト **A.4** のようにすればよいでしょう。

────── リスト **A.4**（ex1-10.py）──────

```
1 import matplotlib.pyplot as plt
2 import numpy as np
3
4 PI = np.pi
5 t = np.linspace(-PI,PI, 500)
6 x1 = np.cos(t)
7 x2 = np.sin(t)
8 plt.plot(t, x1, linestyle='dashed')
9 plt.plot(t, x2)
10 plt.xlabel('t')
11 plt.ylabel('x')
12 plt.show()
```

## 2 章

問題 2-11 (1) 周期関数です。周期を $T$ とすると，$3T = 2\pi$ ですので，$T = 2\pi/3$ になります。

(2) 周期関数で，周期は，$4\pi$ です。

(3) 周期関数です。$\sin t + \cos t = \sqrt{2}\sin(t + \pi/4)$ ですので周期は $2\pi$ になります。

(4) 周期関数です。周期は，$\sqrt{2}\pi$ です。

(5) 周期関数ではありません。$\sin t$ の周期は $2\pi$ で，$\sin\sqrt{2}t$ の周期は，$\sqrt{2}\pi$ ですが，両者の比は無理数なので，周期関数になり得ません。直観的な説明はこれでよいと思います。しかし，これを厳密に証明するのはやさしくないので，これ以上追求しなくて結構です。

(6) $\sin t\cos t = \dfrac{1}{2}\sin 2t$ と書けるので，周期 $\pi$ の周期関数であることがわかります。

(7) $\tan t$ は周期 $\pi$ の周期関数ですので，$\tan 3t$ は，周期 $\pi/3$ の周期関数になります。

問題 2-12 本文にならえばできると思います。

問題 2-13 リスト 2.4 の 27 行目から 32 行目をつぎのように修正すればできます。

```
#x1 = partialsumcos(t,3)
x2 = partialsumsin(t,50)

plt.plot(t, x)
#plt.plot(t, x1)
```

```
plt.plot(t, x2)
```

問題 2-14 式 (2.14) において $t = 0$ とおくと

$$0 = \frac{\pi}{2} - \frac{4}{\pi} \sum_{k=1}^{\infty} \frac{1}{(2k-1)^2}$$

が得られますので

$$\sum_{k=1}^{\infty} \frac{1}{(2k-1)^2} = \frac{\pi^2}{8}$$

であることがわかります。また

$$\sum_{n=1}^{\infty} \frac{1}{n^2} = \sum_{k=1}^{\infty} \frac{1}{(2k-1)^2} + \sum_{k=1}^{\infty} \frac{1}{(2k)^2}$$

となるので，求める和を $S$ とすると

$$S = \frac{\pi^2}{8} + \frac{S}{4}$$

となります。これを $S$ について解けば以下の式が得られます。

$$S = \sum_{n=1}^{\infty} \frac{1}{n^2} = \frac{\pi^2}{6}$$

問題 2-15 $x(t)$ は偶関数でも奇関数でもありませんので，$a_n$，$b_n$ ともに計算しなければならないことに注意しましょう。

$n \neq 1$ のとき

$$a_n = \frac{1}{\pi} \int_0^{\pi} \sin t \cos nt\, dt = \frac{1}{2\pi} \int_0^{\pi} \{\sin(n+1)t - \sin(n-1)t\}\, dt$$

$$= \frac{1}{2\pi} \left[ -\frac{\cos(n+1)t}{n+1} + \frac{\cos(n-1)t}{n-1} \right]_0^{\pi} = -\frac{1}{\pi} \frac{1 - (-1)^{n-1}}{n^2 - 1}$$

最後の等式で，$\cos n\pi = (-1)^n$ という関係を使いました。

$$b_n = \frac{1}{\pi} \int_0^{\pi} \sin t \sin nt\, dt = \frac{1}{2\pi} \int_0^{\pi} \{\cos(n-1)t - \cos(n+1)t\}\, dt$$

$$= \frac{1}{2\pi} \left[ \frac{\sin(n-1)t}{n-1} - \frac{\sin(n+1)t}{n+1} \right]_0^{\pi} = 0$$

$n = 1$ のときは

$$a_1 = \frac{1}{\pi} \int_0^{\pi} \sin t \cos t\, dt = \frac{1}{2\pi} \int_0^{\pi} \sin 2t\, dt = \frac{1}{2\pi} \left[ -\frac{\cos 2t}{2} \right]_0^{\pi} = 0$$

$$b_1 = \frac{1}{\pi} \int_0^{\pi} \sin^2 t\, dt = \frac{1}{2\pi} \int_0^{\pi} (1 - \cos 2t)\, dt = \frac{1}{2\pi} \left[ t - \frac{\sin 2t}{2} \right]_0^{\pi} = \frac{1}{2}$$

となるので，求めるフーリエ展開は，以下のようになります。

$$x(t) \sim \frac{1}{\pi} - \frac{1}{\pi} \sum_{n=2}^{\infty} \frac{1 - (-1)^{n-1}}{n^2 - 1} \cos nt + \frac{\sin t}{2}$$

問題 2-16 $x(t) = |\sin t|$ は偶関数ですから，$b_n = 0$ となり

$$a_n = \frac{2}{\pi} \int_0^\pi \sin t \cos nt \, dt = \frac{1}{\pi} \int_0^\pi \{\sin(1+n)t + \sin(1-n)t\} dt$$

となります。$n \neq 1$ のときは

$$a_n = \frac{1}{\pi} \left[ -\frac{\cos(1+n)t}{1+n} - \frac{\cos(1-n)t}{1-n} \right]_0^\pi$$

$$= \frac{1}{\pi} \left\{ -\frac{(-1)^{1+n}}{1+n} - \frac{(-1)^{1-n}}{1-n} + \frac{1}{1+n} + \frac{1}{1-n} \right\} = -\frac{2\{1-(-1)^{n-1}\}}{\pi(n^2-1)}$$

となります。$n = 1$ のときは

$$a_1 = \frac{2}{\pi} \int_0^\pi \sin t \cos t \, dt = \frac{1}{\pi} \int_0^\pi \sin 2t \, dt = \frac{1}{\pi} \left[ -\frac{\cos 2t}{2} \right]_0^\pi = 0$$

となりますので ($a_0 = \dfrac{4}{\pi}$ であることに注意して), つぎのように書くことができます。

$$x(t) \sim \frac{2}{\pi} - \frac{2}{\pi} \sum_{n=2}^\infty \frac{\{1-(-1)^{n-1}\}}{n^2-1} \cos nt$$

$x(t)$ は連続ですので, $\sim$ は, $=$ にすることができます。

問題 2-17 $x(t)$ は奇関数なので, $a_n = 0 \ (n = 0, 1, 2, \cdots)$ となります。

$$b_n = \frac{2}{\pi} \int_0^\pi \sin at \sin nt \, dt = \frac{1}{\pi} \int_0^\pi \{\cos(n-a)t - \cos(n+a)t\} dt$$

$$= \frac{1}{\pi} \left[ \frac{\sin(n-a)t}{n-a} - \frac{\sin(n+a)t}{n+a} \right]_0^\pi$$

$$= \frac{1}{\pi} \left\{ \frac{(-1)^{n-1} \sin \pi a}{n-a} + \frac{(-1)^{n-1} \sin \pi a}{n+a} \right\} = \frac{2}{\pi} \frac{n(-1)^{n-1} \sin \pi a}{n^2 - a^2}$$

ここで, 三角関数の加法定理を用いて, $\sin(n-a)\pi = (-1)^{n-1} \sin \pi a$, $\sin(n+a)\pi = -(-1)^{n-1} \sin \pi a$ が成り立つことがわかるので, これらを利用しました。よって求めるフーリエ展開はつぎのようになります。

$$x(t) \sim \frac{2}{\pi} \sum_{n=1}^\infty \frac{n(-1)^{n-1} \sin \pi a}{n^2 - a^2} \sin nt$$

問題 2-18 $x(t)$ は偶関数なので, $b_n = 0 \ (n = 1, 2, \cdots)$ となります。

$$a_n = \frac{2}{\pi} \int_0^\pi \cos at \cos nt \, dt = \frac{1}{\pi} \int_0^\pi \{\cos(n-a)t + \cos(n+a)t\} dt$$

$$= \frac{1}{\pi} \left[ \frac{\sin(n-a)t}{n-a} + \frac{\sin(n+a)t}{n+a} \right]_0^\pi$$

$$= \frac{1}{\pi} \left\{ \frac{(-1)^{n-1} \sin \pi a}{n-a} - \frac{(-1)^{n-1} \sin \pi a}{n+a} \right\} = \frac{2}{\pi} \frac{a(-1)^{n-1} \sin \pi a}{n^2 - a^2}$$

ここで, $\sin(n-a)\pi = (-1)^{n-1} \sin \pi a$, $\sin(n+a)\pi = -(-1)^{n-1} \sin \pi a$ であることを利用しました。$a_0 = \dfrac{2 \sin \pi a}{\pi a}$ ですので, 求めるフーリエ展開は

$$x(t) \sim \frac{\sin \pi a}{\pi a} + \frac{2}{\pi} \sum_{n=1}^\infty \frac{a(-1)^{n-1} \sin \pi a}{n^2 - a^2} \cos nt$$

となります。なお, $x(t)$ は連続ですので, $\sim$ は, $=$ にすることができます。

$x(t)$ の展開式において，$t = 0$ とおくことにより

$$1 = \frac{\sin \pi a}{\pi a} + \frac{2}{\pi} \sum_{n=1}^{\infty} \frac{a(-1)^{n-1} \sin \pi a}{n^2 - a^2}$$

となります。これを変形すれば，以下の式が得られます。

$$\sum_{n=1}^{\infty} \frac{(-1)^{n-1}}{n^2 - a^2} = \frac{\pi}{2a} \left( \frac{1}{\sin \pi a} - \frac{1}{\pi a} \right)$$

$x(t)$ の展開式において，$t = \pi$ とおくことにより

$$\cos \pi a = \frac{\sin \pi a}{\pi a} - \frac{2}{\pi} \sum_{n=1}^{\infty} \frac{a \sin \pi a}{n^2 - a^2}$$

となることがわかります。これを変形して以下の式が得られます。

$$\sum_{n=1}^{\infty} \frac{1}{n^2 - a^2} = \frac{1}{2a^2} - \frac{\pi \cos \pi a}{2a \sin \pi a}$$

問題 2-19 $x(t)$ は，偶関数なので，$b_n = 0 \ (n = 1, 2, \cdots)$ となります。

$$a_0 = \frac{2}{\pi} \int_0^{\pi} t^2 dt = \frac{2}{3} \pi^2$$

$n \geqq 1$ のときは，つぎのようになります。

$$\begin{aligned}
a_n &= \frac{2}{\pi} \int_0^{\pi} t^2 \cos nt \, dt = \frac{2}{\pi} \int_0^{\pi} t^2 \left( \frac{\sin nt}{n} \right)' dt \\
&= \frac{2}{\pi} \left( \left[ t^2 \frac{\sin nt}{n} \right]_0^{\pi} - 2 \int_0^{\pi} t \frac{\sin nt}{n} dt \right) \\
&= -\frac{4}{n\pi} \int_0^{\pi} t \sin nt \, dt = \frac{4}{n\pi} \int_0^{\pi} t \left( \frac{\cos nt}{n} \right)' dt \\
&= \frac{4}{n\pi} \left( \left[ t \frac{\cos nt}{n} \right]_0^{\pi} - \int_0^{\pi} \frac{\cos nt}{n} dt \right) \\
&= \frac{4}{n\pi} \left\{ \frac{\pi(-1)^n}{n} - \frac{1}{n} \left[ \frac{\sin nt}{n} \right]_0^{\pi} \right\} \\
&= \frac{4(-1)^n}{n^2} = -\frac{4(-1)^{n-1}}{n^2}
\end{aligned}$$

よって，求めるフーリエ展開は

$$x(t) \sim \frac{1}{3} \pi^2 - \sum_{n=1}^{\infty} \frac{4(-1)^{n-1}}{n^2} \cos nt$$

となります。$t = 0$ とおいて整理すれば以下の式が得られます。

$$\sum_{n=1}^{\infty} \frac{(-1)^{n-1}}{n^2} = \frac{\pi^2}{12}$$

問題 2-20 例えば，リスト 2.2 の 4 行目を，つぎのように書き換えればよいでしょう。

```
x = lambda t: t*mp.exp(t)*mp.sin(t)
```

問題 2-21　$x(t)$ を奇関数

$$\tilde{x}(t) = \begin{cases} -t^2 & (-\pi \leqq t < 0) \\ t^2 & (0 \leqq t < \pi) \end{cases}$$

と拡張し，$\tilde{x}(t+2\pi) = \tilde{x}(t)$ となるようにして周期 $2\pi$ の関数としてフーリエ展開すると，$\tilde{x}(t)$ は奇関数ですので，フーリエ余弦係数 $a_n$ はすべて 0 になります。フーリエ正弦係数は

$$\begin{aligned} b_n &= \frac{2}{\pi} \int_0^\pi t^2 \sin nt\, dt = \frac{2}{\pi} \int_0^\pi t^2 \left( -\frac{\cos nt}{n} \right)' dt \\ &= \frac{2}{\pi} \left( \left[ -t^2 \frac{\cos nt}{n} \right]_0^\pi + 2 \int_0^\pi t \frac{\cos nt}{n} dt \right) = -2\pi \frac{(-1)^n}{n} + \frac{4}{n\pi} \int_0^\pi t \cos nt\, dt \\ &= \frac{2\pi(-1)^{n-1}}{n} + \frac{4}{n\pi} \int_0^\pi t \left( \frac{\sin nt}{n} \right)' dt \\ &= \frac{2\pi(-1)^{n-1}}{n} + \frac{4}{n\pi} \left( \left[ t \frac{\sin nt}{n} \right]_0^\pi - \int_0^\pi \frac{\sin nt}{n} dt \right) \\ &= \frac{2\pi(-1)^{n-1}}{n} - \frac{4}{n\pi} \int_0^\pi \frac{\sin nt}{n} dt = \frac{2\pi(-1)^{n-1}}{n} - \frac{4}{n^2\pi} \left[ -\frac{\cos nt}{n} \right]_0^\pi \\ &= \frac{2\pi(-1)^{n-1}}{n} - \frac{4\{1-(-1)^n\}}{n^3\pi} \end{aligned}$$

よって，求めるフーリエ正弦展開はつぎのようになります。

$$x(t) \sim \sum_{n=1}^{\infty} \left\{ \frac{2\pi(-1)^{n-1}}{n} - \frac{4(1-(-1)^n)}{n^3\pi} \right\} \sin nt$$

グラフ描画は省略します。やってみてください。

## 3 章

問題 3-22

$$\begin{aligned} d(x_1, x_2)^2 &= \int_{-\pi}^{\pi} (\sin t - \cos 2t)^2 dt \\ &= \int_{-\pi}^{\pi} (\sin^2 t - 2\sin t \cos 2t + \cos^2 2t) dt \\ &= \frac{1}{2} \int_{-\pi}^{\pi} (2 - \cos 2t + 2\sin t - 2\sin 3t + \cos 4t) dt \\ &= \int_0^{\pi} (2 - \cos 2t + \cos 4t) dt = \left[ 2t - \frac{\sin 2t}{2} + \frac{\sin 4t}{4} \right]_0^\pi = 2\pi \end{aligned}$$

となりますので，$d(x_1, x_2) = \sqrt{2\pi}$ となります。

問題 3-23　例えば，リスト **A.5** のようにすればよいでしょう。

———— リスト **A.5** (ex3-23.py) ————

```
1  import sympy as sym
2  PI = sym.S.Pi
3  t = sym.Symbol('t')
4  I = sym.integrate((sym.sin(t)-sym.cos(t)**3)**2, (t, -PI, PI))
5  J = sym.integrate(sym.cos(t)**6, (t, -PI, PI))
6  print(I)
7  print(J)
```

リスト A.5 を実行すると

```
13*pi/8
5*pi/8
```

となりますので，$d(x_1, x_2) = \sqrt{\dfrac{13\pi}{8}}$，$\|x_2\|_{L^2} = \sqrt{\dfrac{5\pi}{8}}$ となります。

問題 3-24

$$S = \sum_{n=1}^{\infty} \frac{1}{n^4} = \sum_{n=1}^{\infty} \frac{1}{(2n-1)^4} + \sum_{n=1}^{\infty} \frac{1}{(2n)^4} = \frac{\pi^4}{96} + \frac{S}{16}$$

となるので，$S$ の値はつぎのようになります。

$$S = \frac{16}{15}\frac{\pi^4}{96} = \frac{\pi^4}{90}$$

問題 3-25 (1)

$$\langle x, y \rangle = \int_{-\pi}^{\pi} t(1-t)dt = -2\int_0^{\pi} t^2 dt = -2\left[\frac{t^3}{3}\right]_0^{\pi} = -\frac{2\pi^3}{3}$$

(2)

$$\langle x, y \rangle = \int_{-\pi}^{\pi} t\overline{(1-2it)}dt = \int_{-\pi}^{\pi} t(1+2it)dt = 2\int_0^{\pi} 2it^2 dt$$
$$= \left[\frac{4i}{3}t^3\right]_0^{\pi} = \frac{4i\pi^3}{3}$$

(3)

$$\langle x, y \rangle = \int_{-\pi}^{\pi} e^{it}\overline{e^{2it}}dt = \int_{-\pi}^{\pi} e^{it}e^{-2it}dt = \int_{-\pi}^{\pi} e^{-it}dt$$
$$= \left[ie^{-it}\right]_{-\pi}^{\pi} = 0$$

(4)

$$\langle x, y \rangle = \int_{-\pi}^{\pi} t\overline{e^{it}}dt = \int_{-\pi}^{\pi} te^{-it}dt$$
$$= \left[ite^{-it}\right]_{-\pi}^{\pi} - i\int_{-\pi}^{\pi} e^{-it}dt = i\pi e^{-\pi i} + i\pi e^{\pi i} - i\left[ie^{-it}\right]_{-\pi}^{\pi}$$
$$= -2\pi i$$

問題 3-26

$$2P_2(t) = 3tP_1(t) - P_0(t) = 3t^2 - 1$$

ですので，$P_2(t) = \dfrac{3t^2-1}{2}$ となります。

$$3P_3(t) = 5tP_2(t) - 2P_1(t) = 5t\frac{3t^2-1}{2} - 2t = \frac{15t^3-9t}{2}$$

ですので，$P_3(t) = \dfrac{5t^3-3t}{2}$ になります。

$$4P_4(t) = 7tP_3(t) - 3P_2(t) = 7t\frac{5t^3-3t}{2} - \frac{9t^2-3}{2} = \frac{35t^4-30t^2+3}{2}$$

ですので，$P_4(t) = \dfrac{35t^4 - 30t^2 + 3}{8}$ です。

問題 3-27

$$\langle x, y \rangle = \int_{-1}^{1} (t^2 + t + 1)(t + a)dt$$

$$= \int_{-1}^{1} (t^3 + at^2 + t^2 + at + t + a)dt$$

$$= 2\int_{0}^{1} \{(a+1)t^2 + a\}dt = 2\left[\frac{a+1}{3}t^3 + at\right]_0^1$$

$$= 2\left(\frac{a+1}{3} + a\right) = \frac{2(4a+1)}{3} = 0$$

を解いて，$a = -1/4$ となることがわかります。

問題 3-28　$a = \pm 1$ のときは明らかに直交しないので，以下，$a \neq \pm 1$ とします。

$$\langle x, y \rangle = \int_{0}^{\pi} \cos t \cos at\, dt = \frac{1}{2}\int_{0}^{\pi} \{\cos(a+1)t + \cos(a-1)t\}dt$$

$$= \frac{1}{2}\left[\frac{\sin(a+1)t}{a+1} + \frac{\sin(a-1)t}{a-1}\right]_0^{\pi}$$

$$= \frac{1}{2}\left\{\frac{\sin(a+1)\pi}{a+1} + \frac{\sin(a-1)\pi}{a-1}\right\}$$

$$= \frac{1}{2}\left(-\frac{\sin a\pi}{a+1} - \frac{\sin a\pi}{a-1}\right) = -\frac{a\sin a\pi}{a^2-1} = 0$$

この関係が成り立つのは，$a \neq \pm 1$ となる整数すべてになります。

問題 3-29　(1) $t = \cos\theta$ とおきます。$\cos 0\theta = 1$，$\cos 1\theta = t$，$\cos 2\theta = 2\cos^2\theta - 1 = 2t^2 - 1$

$$\cos 3\theta = \cos(2\theta + \theta) = \cos 2\theta \cos\theta - \sin 2\theta \sin\theta$$

$$= (2\cos^2\theta - 1)\cos\theta - 2\sin^2\theta\cos\theta$$

$$= (2\cos^2\theta - 1)\cos\theta - 2(1 - \cos^2\theta)\cos\theta$$

$$= 4\cos^3\theta - 3\cos\theta = 4t^3 - 3t$$

となるので，$T_0(t) = 1$，$T_1(t) = t$，$T_2(t) = 2t^2 - 1$，$T_3(t) = 4t^3 - 3t$ となります。

(2) 例えばリスト **A.6** のようにすればよいでしょう。グラフは実行してのお楽しみです。

―――― リスト **A.6**（ex3-29.py）――――

```
1  import matplotlib.pyplot as plt
2  import numpy as np
3  from scipy.special import eval_chebyc
4
5  t = np.linspace(-1, 1, 256)
6
7  C = eval_chebyc(11, t)
8  plt.plot(t,C)
9  plt.show()
```

(3) $m \neq n$ とします。$t = \cos\theta$ とおくと

$$\int_{-1}^{1} T_m(t)T_n(t)\frac{dt}{\sqrt{1-t^2}} = \int_{\pi}^{0} \cos m\theta \cos n\theta \frac{-\sin\theta}{\sin\theta}d\theta$$

$$= \int_0^\pi \cos m\theta \cos n\theta d\theta$$

$$= \frac{1}{2} \int_0^\pi \left\{ \cos(m+n)\theta + \cos(m-n)\theta \right\} d\theta$$

となるので，$m \neq n$ のときはつぎのようになり，直交性がわかります。

$$\frac{1}{2} \int_0^\pi \left\{ \cos(m+n)\theta + \cos(m-n)\theta \right\} d\theta = \frac{1}{2} \left[ \frac{\sin(m+n)\theta}{m+n} + \frac{\sin(m-n)\theta}{m-n} \right]_0^\pi$$

$$= \sin(m+n)m\pi + n + \frac{\sin(m-n)\pi}{m-n} = 0$$

$m = n = 0$ のときは

$$\frac{1}{2} \int_0^\pi \left\{ \cos(m+n)\theta + \cos(m-n)\theta \right\} d\theta = \frac{1}{2} \int_0^\pi (1+1)d\theta = \pi$$

となり，$m = n \neq 0$ のときはつぎのようになります。

$$\frac{1}{2} \int_0^\pi (\cos 2m\theta + 1)d\theta = \frac{1}{2} \left[ \frac{\sin 2m\theta}{2m} + \theta \right]_0^\pi = \frac{1}{2} \left( \frac{\sin 2m\pi}{2m} + \pi \right) = \frac{\pi}{2}$$

## 4章

問題 4-30  (1) $x(t)$ は奇関数なので，$a_n = 0 \; (n = 0, 1, 2, \cdots)$ となります。

$$b_n = \frac{2}{\pi} \int_0^\pi t \sin nt \, dt = \frac{2}{\pi} \left( \left[ -t \frac{\cos nt}{n} \right]_0^\pi + \int_0^\pi \frac{\cos nt}{n} dt \right)$$

$$= \frac{2}{\pi} \left\{ \pi \frac{(-1)^{n-1}}{n} + \left[ \frac{\sin nt}{n^2} \right]_0^\pi \right\} = \frac{2(-1)^{n-1}}{n}$$

よって，求めるフーリエ展開は，つぎのようになります。

$$x(t) \sim \sum_{n=1}^\infty \frac{2(-1)^{n-1}}{n} \sin nt$$

(2) 例えば，リスト **A.7** のようにすればよいでしょう。$N = 5$ のときのグラフは，図 **A.1** のようになります。

────── リスト **A.7**（ex4-30.py）──────

```
1  import numpy as np
2  import matplotlib.pyplot as plt
3
4  def partialsumsaw(t,n):
5      ps = 0
6      for k in range(1,n+1):
7          ps += 2*(-1)**(k-1)*np.sin(k*t)/k
8      return ps
9
10 PI = np.pi
11 def saw(t):
12     return t
13
14 npsaw = np.vectorize(saw)
15
```

```
16  t = np.linspace(-PI, PI, 10000)
17  x = npsaw(t)
18  y = partialsumsaw(t,5)
19
20  plt.plot(t, x)
21  plt.plot(t, y)
22  plt.show()
```

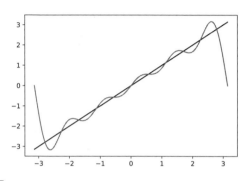

図 **A.1**　第 5 項までの部分和

**問題 4-31**　後半のみ示します。グラフは描いてみてください。オーバシュートの大きさは，定理 4.1 より，不連続点における跳びが $2\sin\pi a$ ですので，以下のようになります。

$$\left(\frac{2}{\pi}\int_0^\pi \frac{\sin x}{x}dx - 1\right)\sin\pi a$$

**問題 4-32**　テイラーの定理において，$x(t) = \sin t$, $t_0 = 0$, $n = 3$ とすれば，$(\sin t)''' = -\cos t$ となることから，$t$ が十分小さければ $0$ と $t$ の間の $\theta$ が存在してつぎの等式が成り立ちます。

$$\sin t = t - \frac{\cos\theta}{3!}t^3$$

よって

$$|\sin t - t| = \frac{|\cos\theta|}{6}|t|^3 \leq \frac{1}{6}|t|^3$$

となります。これは，$C = 1/6$ として所望の不等式が成り立つことを意味しています。

**問題 4-33**　$t = 0$ のときは明らかに成立しますので，$t \neq 0$ の場合だけ考えればよく，さらに，$\sin t/t$ は $t$ について対称なので，$t > 0$ で証明すれば十分です。原点と $\left(\frac{\pi}{2}, 1\right)$ をつなぐ線分よりも，$\sin t$ のほうが大きい（または等しい）ので，以下の式が成り立つことがわかります。

$$\frac{2}{\pi}t \leq \sin t$$

## 5 章

**問題 5-34**　(1) 例えば，$I_c$ は

$$I_c = \int \left(\frac{e^{at}}{a}\right)' \cos bt\,dt = \frac{e^{at}}{a}\cos bt + b\int \frac{e^{at}}{a}\sin bt\,dt$$

$$= \frac{e^{at}}{a} \cos bt + \frac{b}{a} \int \left( \frac{e^{at}}{a} \right)' \sin bt \, dt$$

$$= \frac{e^{at}}{a} \cos bt + \frac{b}{a^2} e^{at} \sin bt - \frac{b^2}{a^2} \int e^{at} \cos bt \, dt$$

$$= \frac{e^{at}}{a} \cos bt + \frac{b}{a^2} e^{at} \sin bt - \frac{b^2}{a^2} I_c$$

となることを利用して

$$I_c = \frac{e^{at}}{a^2 + b^2} (a \cos bt + b \sin bt) + C$$

が導かれます。ここで $C$ は積分定数です。$I_s$ についても同じように計算すれば

$$I_s = \frac{e^{at}}{a^2 + b^2} (a \sin bt - b \cos bt) + C$$

が得られます。$a = 0$ の場合，$b = 0$ の場合で場合分けが必要となりますが，大きな問題ではないので省略します。

(2)

$$I = I_c + iI_s = \int e^{at} e^{ibt} \, dt = \int e^{(a+ib)t} \, dt$$

$$= \frac{1}{a+ib} e^{(a+ib)t} + C = \frac{a-ib}{a^2+b^2} e^{at} (\cos bt + i \sin bt) + C$$

$$= \frac{e^{at}}{a^2+b^2} \{ (a \cos bt + b \sin bt) + i(a \sin bt - b \cos bt) \} + C$$

この実部と虚部を見れば以下の式が得られます。

$$I_c = \frac{e^{at}}{a^2+b^2} (a \cos bt + b \sin bt) + C$$

$$I_s = \frac{e^{at}}{a^2+b^2} (a \sin bt - b \cos bt) + C$$

問題 5-35 複素フーリエ展開はつぎのようになります。

$$x(t) = \left( \frac{e^{it} - e^{-it}}{2i} \right)^3 = \frac{i}{8} (e^{3it} - 3e^{it} + 3e^{-it} - e^{-3it})$$

$$= -\frac{3i}{8} e^{it} + \frac{3i}{8} e^{-it} + \frac{i}{8} e^{3it} - \frac{i}{8} e^{-3it}$$

振幅スペクトルは，$|c_{\pm 1}| = \frac{3}{8}$, $|c_{\pm 3}| = \frac{1}{8}$, 位相スペクトルは，$\theta_{\pm 1} = \mp \frac{\pi}{2}$, $\theta_{\pm 3} = \pm \frac{\pi}{2}$ です。これ以外の $n$ に対しては振幅スペクトルは $0$ で，位相スペクトルは不定値になります。

問題 5-36 複素フーリエ展開は，つぎのようになります。

$$x(t) = \left( \frac{e^{it} + e^{-it}}{2} \right)^N = \frac{1}{2^N} \sum_{n=0}^{N} {}_N C_n e^{(N-n)it} e^{-nit}$$

$$= \frac{1}{2^N} \sum_{n=0}^{N} {}_N C_n e^{(N-2n)it}$$

よって

$$c_{N-2n} = \frac{{}_N C_n}{2^N} \quad (n = 0, 1, \cdots, N)$$

となります。これは実数ですので，振幅スペクトルそのものになっています。位相スペクトルは 0 です。その他のフーリエ係数は 0 ですから，振幅スペクトルは 0，位相スペクトルは不定値になります。

問題 5-37 例えば，リスト **A.8** のようにすればよいでしょう。

———————— リスト **A.8** (ex5-37.py) ————————

```
1  import numpy as np
2  import matplotlib.pyplot as plt
3
4  t = np.linspace(-10, 10, 10000)
5  x = np.exp(np.cos(t))*np.cos(np.sin(t))
6  plt.plot(t, x)
7  plt.show()
```

問題 5-38

$$x(t) = e^{\cos t}\sin(\sin t) = \mathrm{Im}(e^{e^{it}})$$

であることに注意すると，$x(t)$ の複素フーリエ展開は，$e^z$ のマクローリン展開より

$$x(t) = \sum_{n=-\infty}^{\infty} \frac{\mathrm{sgn}(n)}{2i|n|!} e^{int}$$

となることがわかります。ここで $\mathrm{sgn}(n)$ は，$n$ の符号で $n > 0$ なら 1，$n = 0$ なら 0，$n < 0$ なら $-1$ という値を取ります。つまり

$$c_n = \frac{\mathrm{sgn}(n)}{2i|n|!} \quad (n = 0, \pm 1, \pm 2, \cdots)$$

となります。スターリングの公式より，$n! \sim \sqrt{2\pi}n^{n+1/2}e^{-n} \ (n \to \infty)$ が成り立ちます。$x_5(t)$ の場合と同様に

$$|n^k c_n| = \frac{n^k}{2n!} \sim \frac{1}{2\sqrt{2\pi}} \frac{n^k}{n^{n/3}} \left(\frac{e}{n^{1/3}}\right)^n \frac{1}{n^{n/3+1/2}}$$

となり，$n^k c_n$ が，$n \to \infty$ で 0 に収束することが示されました。

# 6 章

問題 6-39 つぎのようになります。

$$\hat{x}(f) = \int_{-\tau}^{\tau} \sin 2\pi f_0 t \, e^{-2\pi i f t} dt = \frac{1}{2i}\int_{-\tau}^{\tau} (e^{2\pi i f_0 t} - e^{-2\pi i f_0 t})e^{-2\pi i f t}dt$$

$$= \frac{1}{2i}\int_{-\tau}^{\tau}\{e^{2\pi i(f_0-f)t} - e^{-2\pi i(f_0+f)t}\}dt$$

$$= \frac{1}{2i}\left[\frac{e^{2\pi i(f_0-f)t}}{2\pi i(f_0-f)} + \frac{e^{-2\pi i(f_0+f)t}}{2\pi i(f_0+f)}\right]_{-\tau}^{\tau}$$

$$= \frac{1}{2i}\left\{\frac{e^{2\pi i(f_0-f)\tau} - e^{-2\pi i(f_0-f)\tau}}{2\pi i(f_0-f)} - \frac{e^{2\pi i(f_0+f)\tau} - e^{-2\pi i(f_0+f)\tau}}{2\pi i(f_0+f)}\right\}$$

$$= \frac{\sin 2\pi\tau(f-f_0)}{2\pi i(f-f_0)} - \frac{\sin 2\pi\tau(f+f_0)}{2\pi i(f+f_0)}$$

$$= -i\tau\{\text{sinc}\, 2\tau(f - f_0) - \text{sinc}\, 2\tau(f + f_0)\}$$

問題 6-40 (1)

$$\widehat{y_1}(f) = e^{-6\pi i f}\widehat{x}(f) = -ie^{-6\pi i f}\tau\{\text{sinc}\, 2\tau(f - f_0) - \text{sinc}\, 2\tau(f + f_0)\}$$

(2)

$$\widehat{y_2}(f) = 2e^{4\pi i f}\widehat{x}(f) = -2ie^{4\pi i f}\tau\{\text{sinc}\, 2\tau(f - f_0) - \text{sinc}\, 2\tau(f + f_0)\}$$

(3)

$$\widehat{y_3}(f) = \frac{1}{2}\widehat{x}(f/2) = -\frac{i}{2}\tau\{\text{sinc}\, 2\tau(f/2 - f_0) - \text{sinc}\, 2\tau(f/2 + f_0)\}$$

(4)

$$\widehat{y_4}(f) = \frac{1}{|-3|}\widehat{x}(-f/3) = -\frac{i}{3}\tau\{\text{sinc}\, 2\tau(-f/3 - f_0) - \text{sinc}\, 2\tau(-f/3 + f_0)\}$$

問題 6-41 $f = 0$ のときは，$\widehat{x}(0) = 0$ となります。$f \neq 0$ とします。

$$\begin{aligned}
\widehat{x}(f) &= \int_0^a e^{-2\pi i f t}dt - \int_{-a}^0 e^{-2\pi i f t}dt \\
&= \left[-\frac{e^{-2\pi i f t}}{2\pi i f}\right]_0^a - \left[-\frac{e^{-2\pi i f t}}{2\pi i f}\right]_{-a}^0 \\
&= -\frac{e^{-2\pi i a f} - 1}{2\pi i f} + \frac{1 - e^{2\pi i a f}}{2\pi i f} = \frac{2 - (e^{2\pi i a f} + e^{-2\pi i a f})}{2\pi i f} \\
&= \frac{2(1 - \cos 2\pi a f)}{2\pi i f} = \frac{2\sin^2(\pi a f)}{\pi i f}
\end{aligned}$$

となります。

問題 6-42

$$\begin{aligned}
\widehat{x}(f) &= \int_0^\infty e^{-at}e^{-2\pi i f t}dt = \int_0^\infty e^{-(a+2\pi i f)t}dt \\
&= \left[-\frac{e^{-(a+2\pi i f)t}}{a + 2\pi i f}\right]_0^\infty = \frac{1}{a + 2\pi i f}
\end{aligned}$$

問題 6-43

$$\begin{aligned}
\widehat{x}(f) &= \int_0^\infty e^{-at}\cos bt\, e^{-2\pi i f t}dt \\
&= \frac{1}{2}\int_0^\infty e^{-at}(e^{ibt} + e^{-ibt})e^{-2\pi i f t}dt \\
&= \frac{1}{2}\int_0^\infty \{e^{-(a-ib+2\pi i f)t} + e^{-(a+ib+2\pi i f)t}\}dt \\
&= \frac{1}{2}\left[-\frac{e^{-(a-ib+2\pi i f)t}}{a - ib + 2\pi i f} - \frac{e^{-(a+ib+2\pi i f)t}}{a + ib + 2\pi i f}\right]_0^\infty \\
&= \frac{1}{2}\left(\frac{1}{a - ib + 2\pi i f} + \frac{1}{a + ib + 2\pi i f}\right)
\end{aligned}$$

問題 6-44

$$\hat{x}(f) = \int_{-1}^{1} (1 - |t|)e^{-2\pi i f t}dt$$

$$= \int_{-1}^{1} e^{-2\pi i f t}dt + \int_{-1}^{0} te^{-2\pi i f t}dt - \int_{0}^{1} te^{-2\pi i f t}dt$$

$$= \left[-\frac{e^{-2\pi i f t}}{2\pi i f}\right]_{-1}^{1} + \left[-\frac{te^{-2\pi i f t}}{2\pi i f}\right]_{-1}^{0} + \int_{-1}^{0} \frac{e^{-2\pi i f t}}{2\pi i f}dt$$

$$- \left[-\frac{te^{-2\pi i f t}}{2\pi i f}\right]_{0}^{1} - \int_{0}^{1} \frac{e^{-2\pi i f t}}{2\pi i f}dt$$

$$= \int_{-1}^{0} \frac{e^{-2\pi i f t}}{2\pi i f}dt - \int_{0}^{1} \frac{e^{-2\pi i f t}}{2\pi i f}dt = \left[\frac{e^{-2\pi i f t}}{4\pi^2 f^2}\right]_{-1}^{0} - \left[\frac{e^{-2\pi i f t}}{4\pi^2 f^2}\right]_{0}^{1}$$

$$= \frac{1 - e^{2\pi i f}}{4\pi^2 f^2} - \frac{e^{-2\pi i f} - 1}{4\pi^2 f^2} = \frac{2 - 2\cos 2\pi f}{4\pi^2 f^2} = \frac{\sin^2 \pi f}{\pi^2 f^2} = \mathrm{sinc}^2 f$$

問題 6-45　式 (6.8) の両辺の実部を取り

$$\mathrm{Re}\int_{-\infty}^{\infty} \frac{1}{a^2 + t^2}e^{-2\pi i f t}dt = \mathrm{Re}\left(\frac{\pi e^{-2\pi a|f|}}{a}\right)$$

とすれば，つぎのようになることがわかります。

$$\int_{-\infty}^{\infty} \frac{\cos 2\pi f t}{a^2 + t^2}dt = \frac{\pi e^{-2\pi a|f|}}{a}$$

問題 6-46　$\sin z$ は奇関数ですので，$z \geqq 0$ に対して，$\sin z \leqq z$ のみ証明すればよいことになります。$g(z) = z - \sin z$ とします。$g'(z) = 1 - \cos z \geqq 0$ なので，$g(z)$ は非減少関数になります。よって，$g(z) = z - \sin z \geqq g(0) = 0$ となります。

# 7 章

問題 7-47　定理 7.3 より，$x, y$ が可積分であれば，$x * y$ も可積分です。$z$ は可積分ですから，$(x * y) * z$ も可積分になります。同様に，$x * (y * z)$ も可積分です。任意の可測集合 $A$ に対し，$A$ によらない一様な評価

$$\int_{A} |\{(x * y) * z\}(t)|dt \leqq \left(\int_{-\infty}^{\infty} |x(t)|dt\right)\left(\int_{-\infty}^{\infty} |y(t)|dt\right)\left(\int_{-\infty}^{\infty} |z(t)|dt\right) < \infty$$

が成り立っていることに注意します。$u(t) = (x * y)(t)$, $v(t) = (y * z)(t)$ とおきます。$(x * y) * z = u * z$, $x * (y * z) = x * v$ と書けることに注意すると，つぎのようにして結合法則が証明できます。$A$ を任意の可測集合とします。

$$\int_{A} (u * z)(t)dt = \int_{A} (z * u)(t)dt = \int_{A}\left\{\int_{-\infty}^{\infty} z(s)u(t - s)ds\right\}dt$$

$$= \int_{A}\left\{\int_{-\infty}^{\infty} z(s)\left(\int_{-\infty}^{\infty} x(s')y(t - s - s')ds'\right)ds\right\}dt$$

$$= \int_{A}\left\{\int_{-\infty}^{\infty} x(s')\left(\int_{-\infty}^{\infty} z(s)y(t - s - s')ds\right)ds'\right\}dt$$

$$= \int_A \left\{ \int_{-\infty}^{\infty} x(s')v(t-s')ds' \right\} dt$$

$$= \int_A (x*v)(t)dt$$

四つ目の等式において，フビニ＝トネリの定理（定理 10.6）を使いました。$A$ は任意ですので，$(u*z)(t)$ と $(x*v)(t)$ はほとんどいたるところ等しいことになります。これは結合法則が成り立つことを示しています。

問題 7-48

$$(x*y)(t) = \int_{-\infty}^{\infty} x(s)y(t-s)ds = \int_0^{\infty} e^{-s}y(t-s)ds$$

と書けます。$t \geqq 0$ のときは

$$(x*y)(t) = \int_t^{\infty} e^{-s}e^{t-s}ds = \int_t^{\infty} e^{t-2s}ds$$

$$= \left[ -\frac{e^{t-2s}}{2} \right]_t^{\infty} = \frac{e^{-t}}{2}$$

となります。$t < 0$ のときは

$$(x*y)(t) = \int_0^{\infty} e^{-s}e^{t-s}ds = e^t \left[ -\frac{1}{2}e^{-2s} \right]_0^{\infty} = \frac{e^t}{2}$$

となり，これらをまとめると，つぎのようになります。

$$(x*y)(t) = \frac{e^{-|t|}}{2}$$

問題 7-49

$$(w*\varphi)(t) = \int_{-\infty}^{\infty} w(s)\varphi(t-s)ds = \frac{1}{T} \int_{-T/2}^{T/2} \varphi(t-s)ds$$

$$= \frac{1}{T} \int_{t-T/2}^{t+T/2} \varphi(s)ds$$

問題 7-50

$$\|x+y\|^2 = \langle x+y, x+y \rangle = \|x\|^2 + \langle x,y \rangle + \langle y,x \rangle + \|y\|^2$$

$$= \|x\|^2 + 2\mathrm{Re}(\langle x,y \rangle) + \|y\|^2$$

$$\|x-y\|^2 = \|x\|^2 - 2\mathrm{Re}(\langle x,y \rangle) + \|y\|^2$$

$$\|x-iy\|^2 = \langle x-iy, x-iy \rangle = \|x\|^2 + \langle x,-iy \rangle + \langle -iy,x \rangle + \|y\|^2$$

$$= \|x\|^2 + i\langle x,y \rangle - i\langle y,x \rangle + \|y\|^2 = \|x\|^2 + i(\langle x,y \rangle - \overline{\langle x,y \rangle}) + \|y\|^2$$

$$= \|x\|^2 - 2\mathrm{Im}(\langle x,y \rangle) + \|y\|^2$$

$$\|x+iy\|^2 = \|x\|^2 + 2\mathrm{Im}(\langle x,y \rangle) + \|y\|^2$$

となるので

$$\|x+y\|^2 - \|x-y\|^2 - i\|x-iy\|^2 + i\|x+iy\|^2$$

$$= 4\mathrm{Re}(\langle x, y \rangle) + 4i\mathrm{Im}(\langle x, y \rangle) = 4\langle x, y\rangle$$

であることがわかります。両辺を 4 で割れば所望の恒等式が得られます。

問題 7-51 与式をパーセバルの等式（定理 7.2）

$$\int_{-\infty}^{\infty} |\widehat{x}(f)|^2 df = \int_{-\infty}^{\infty} |x(t)|^2 dt$$

に代入すれば，以下の式が得られます。

$$\int_{-\infty}^{\infty} \left| \frac{1}{\pi} \frac{a}{a^2 + f^2} \right|^2 df = \int_{-\infty}^{\infty} |e^{-2\pi a|t|}|^2 dt$$

ここで，両辺に $\dfrac{\pi^2}{a^2}$ を掛ければ，つぎのようにして積分の値が求まります。

$$\int_{-\infty}^{\infty} \frac{df}{(a^2 + f^2)^2} = \frac{\pi^2}{a^2} \int_{-\infty}^{\infty} |e^{-2\pi a|t|}|^2 dt = \frac{2\pi^2}{a^2} \int_{0}^{\infty} e^{-4\pi at} dt$$

$$= \frac{2\pi^2}{a^2} \left[ -\frac{e^{-4\pi at}}{4\pi a} \right]_0^{\infty} = \frac{\pi}{2a^3}$$

問題 7-52 ヒントより，$y(t) = -\dfrac{e^{-a^2 t^2/2}}{a^2}$ に対して

$$\widehat{x}(f) = \widehat{y'}(f) = 2\pi i f \widehat{y}(f)$$

であることがわかります。ここで例 6.2 を用いれば

$$\widehat{y}(f) = -\frac{1}{a^2} \int_{-\infty}^{\infty} e^{-a^2 t^2/2} e^{-2\pi i f t} dt = -\frac{1}{a^2} \frac{\sqrt{2\pi}}{a} e^{-\frac{2\pi^2 f^2}{a^2}}$$

$$= -\frac{\sqrt{2\pi}}{a^3} e^{-\frac{2\pi^2 f^2}{a^2}}$$

となるので，求めるフーリエ変換はつぎのようになります。

$$\widehat{x}(f) = -\frac{(\sqrt{2\pi})^3 if}{a^3} e^{-\frac{2\pi^2 f^2}{a^2}}$$

問題 7-53 問題 6-44 より

$$x(t) = \begin{cases} 1 - |t| & (-1 \le t \le 1) \\ 0 & (その他) \end{cases}$$

のフーリエ変換は $\widehat{x}(f) = \mathrm{sinc}^2 f$ です。パーセバルの等式より

$$\int_{-\infty}^{\infty} \left( \mathrm{sinc}^2 f \right)^2 df = \int_{-1}^{1} (1 - |t|)^2 dt = \frac{2}{3}$$

を整理すれば，以下のようになります。

$$\int_{-\infty}^{\infty} \mathrm{sinc}^4 f \, df = \frac{2}{3}$$

ここで，$x = \pi f$ とおいて整理すれば，求める積分の値が得られます。

$$\int_{-\infty}^{\infty} \left( \frac{\sin x}{x} \right)^4 dx = \frac{2\pi}{3}$$

問題 7-54 例 6.1 と例 6.2 を用いれば，$x(t) = e^{-a^2 t^2/2}$，$y(t) = e^{-2\pi b|t|}$ のフーリエ変換はそれぞれ

$$\widehat{x}(f) = \frac{\sqrt{2\pi}}{a} e^{-\frac{2\pi^2 f^2}{a^2}}, \quad \widehat{y}(f) = \frac{1}{\pi} \frac{b}{b^2 + f^2}$$

となります。プランシェレルの定理（定理 7.2）より，$\langle \widehat{x}, \widehat{y} \rangle = \langle x, y \rangle$ が成り立ちますので

$$\int_{-\infty}^{\infty} e^{-a^2 t^2/2} e^{-2\pi b|t|} dt = \int_{-\infty}^{\infty} \frac{\sqrt{2\pi}}{a} e^{-\frac{2\pi^2 f^2}{a^2}} \frac{1}{\pi} \frac{b}{b^2 + f^2} df$$

$$= \sqrt{\frac{2}{\pi}} \frac{b}{a} \int_{-\infty}^{\infty} \frac{e^{-\frac{2\pi^2 f^2}{a^2}}}{b^2 + f^2} df$$

となります。

問題 7-55 $-a < s < a$ かつ $-a < t - s < a$ のとき，すなわち，$-a < s < a$ かつ $t - a < s < t + a$ のときだけ，0 でない $s$ の範囲が重なります。$t \geqq 0$ の場合と $t < 0$ の場合に分けて区間の重なりを調べると，以下のようになります。

$$(x * x)(t) = \begin{cases} 2a - |t| & (-2a \leqq t \leqq 2a) \\ 0 & (その他) \end{cases}$$

問題 7-56 例えばリスト **A.9** のようにすればよいでしょう。

──────────── リスト **A.9** (ex7-56.py) ────────────

```
1  import matplotlib.pyplot as plt
2  import numpy as np
3
4  N = 20
5  t = np.arange(-5, 5, 0.001)
6  x = np.sin((N+0.5)*t)/np.sin(t/2)
7  fig = plt.figure(figsize=(9, 6))
8  plt.plot(t, x)
9  ax = plt.axes()
10 ax.set_xlabel(r'$\theta$', fontsize=18)
11 ax.set_ylabel('D', fontsize=18)
```

問題 7-57

$$\sum_{n=-N}^{N} e^{iN\theta} = 1 + 2 \sum_{n=1}^{N} \cos N\theta$$

ですので，求める積分はつぎのようになります。

$$\int_{-\pi}^{\pi} D_N(\theta) d\theta = \int_{-\pi}^{\pi} (1 + 2 \sum_{n=1}^{N} \cos N\theta) d\theta$$

$$= 2\pi + 2 \sum_{n=1}^{N} \int_{-\pi}^{\pi} \cos N\theta d\theta = 2\pi + 2 \sum_{n=1}^{N} \left[ \frac{\sin N\theta}{N} \right]_{-\pi}^{\pi} = 2\pi$$

## 8 章

問題 8-58

$$\widehat{y_{n_0}}[k] = \sum_{n=0}^{N-1} y_{n_0}[n]e^{-\frac{2\pi ikn}{N}} = \sum_{n=0}^{N-1} x[n-n_0]e^{-\frac{2\pi ikn}{N}}$$

$$= e^{-\frac{2\pi ikn_0}{N}} \sum_{n=0}^{N-1} x[n-n_0]e^{-\frac{2\pi ik(n-n_0)}{N}}$$

ここで，$x$ は周期 $N$ で延長されているので，$n-n_0$ は，$N$ を法として，$0$ から $N-1$ まですべてを動きます（法については 9 章で説明しますが，ここでは，例えば，$x[k-n_0] = x[N+k-n_0]$ のようになるという意味だと理解しておいてください）。よって

$$\sum_{n=0}^{N-1} x[n-n_0]e^{-\frac{2\pi ik(n-n_0)}{N}} = \sum_{n=0}^{N-1} x[n]e^{-\frac{2\pi ikn}{N}} = \hat{x}[k]$$

となり，求める等式が得られます。

問題 8-59 $W_4 = e^{-\frac{2\pi i}{4}} = e^{-\frac{\pi i}{2}} = \cos\frac{\pi}{2} - i\sin\frac{\pi}{2} = -i$ となるので，つぎのようになります。

$$\begin{pmatrix} 1 & 1 & 1 & 1 \\ 1 & -i & (-i)^2 & (-i)^3 \\ 1 & (-i)^2 & (-i)^4 & (-i)^6 \\ 1 & (-i)^3 & (-i)^6 & (-i)^9 \end{pmatrix} = \begin{pmatrix} 1 & 1 & 1 & 1 \\ 1 & -i & -1 & i \\ 1 & -1 & 1 & -1 \\ 1 & i & -1 & -i \end{pmatrix}$$

問題 8-60 数字を変えるだけですので詳細は省略します。

問題 8-61 例えば，リスト **A.10** のようにすればよいでしょう。

—————— リスト **A.10** (ex8-61.py) ——————

```
1  import numpy as np
2  import matplotlib.pyplot as plt
3  PI = np.pi
4  # Frequencies[Hz]
5  f1 = 10; f2 = 20; f3 = 40
6  # Amplitudes
7  A1 = 1; A2 = 0.5; A3 = 0.8
8  # time
9  t = np.arange(0, 0.5, 0.001)
10 # signal
11 x = A1*np.sin(2*PI*f1*t)+A2*np.sin(2*PI*f2*t)+A3*np.sin(2*PI*f3*t)
12
13 fig = plt.figure(figsize=(10, 5))
14 plt.xlabel('time t[sec]', fontsize=15)
15 plt.ylabel('signal', fontsize=15)
16 plt.xlim(0, 0.5)
17 plt.plot(t, x)
18 plt.show()
```

問題 8-62 数字を変えるだけですので詳細は省略します。

**9章** ━━━━━━━━━━━━━━━━━━━━━━━━━━━━━━━━━━━━━━━━━━━━━━━━━━━━━━━━━

問題 9-63 例えばリスト **A.11** のようにすればよいでしょう。グラフは実行してのお楽しみです。

──────────── リスト **A.11** (ex9-63.py) ────────────

```
1  import numpy as np
2  from scipy.fftpack import fft, fftshift
3  import matplotlib.pyplot as plt
4  N = 2**8
5  wave = np.zeros(N)
6  wave[32:64]=1/(64-32)
7  amp = 2.0*fft(wave)/N
8  freq = np.linspace(-0.5, 0.5, len(amp))
9  magnitude = 20*np.log10(np.abs(fftshift(amp/abs(amp).max())))
10 plt.plot(freq, magnitude)
11 plt.axis([-0.5, 0.5, -60, 0])
12 plt.ylabel("magnitude [dB]")
13 plt.xlabel("normalized frequency(per sample)")
14 plt.show()
```

問題 9-64 例えばリスト **A.12** のようにすればよいでしょう。図は省略します（動かして確認してみましょう）。

──────────── リスト **A.12** (ex9-64.py) ────────────

```
1  import numpy as np
2  from scipy.fftpack import fft, fftshift
3  import matplotlib.pyplot as plt
4
5  N = 2**8
6  PI = np.pi
7  freq = 20
8  t = np.arange(N)
9  wave = np.sin(freq*2*PI*t/N)
10 amp = 2.0*fft(wave)/N
11 freq = np.linspace(-0.1, 0.1, len(amp))
12 magnitude = 20*np.log10(np.abs(fftshift(amp/abs(amp).max())))
13 plt.plot(freq, magnitude)
14 plt.axis([-0.1, 0.1, -60, 0])
15 plt.ylabel("magnitude [dB]")
16 plt.xlabel("normalized frequency(per sample)")
17 plt.show()
```

問題 9-65 式 (9.10) において $A_{SL} = 30$ とすると $\beta$ はつぎのようになります。

$$\beta = 0.76608(30 - 13.26)^{0.4} + 0.09834(30 - 13.26) \approx 4.0109$$

図を描くには，例えばリスト **A.13** のようにすればよいでしょう。図は省略します（動かして確認してみましょう）。図を見ると，確かにサイドローブレベルが約 30 dB になっていることがわかるでしょう。

──────────── リスト **A.13** (ex9-65.py) ────────────

```
1  import numpy as np
```

```
2  from scipy import signal
3  from scipy.fftpack import fft, fftshift
4  import matplotlib.pyplot as plt
5
6  N = 2**5
7  w_kaiser = signal.kaiser(N, beta = 4.0109)
8  #amp = 2.0*fft(w_hamming, 2048)/N
9  amp = 2.0*fft(w_kaiser, 2048)/N
10 freq = np.linspace(-0.5, 0.5, len(amp))
11 magnitude = 20*np.log10(np.abs(fftshift(amp/abs(amp).max())))
12
13 plt.plot(freq, magnitude)
14 plt.axis([-0.5, 0.5, -80, 0])
15 plt.ylabel("magnitude [dB]")
16 plt.xlabel("frequency(per sample)")
17 plt.show()
```

問題 9-66　261.63 Hz（ド），277.18 Hz（ド♯），293.66 Hz（レ），311.13 Hz（レ♯），329.63 Hz（ミ），349.23 Hz（ファ），369.99 Hz（ファ♯），392.00 Hz（ソ），415.30 Hz（ソ♯），440.00 Hz（ラ），466.16 Hz（ラ♯），493.88 Hz（シ），523.25 Hz（ド）

## 10 章

問題 10-67　$d = 2$ の場合を考えます。$F$ は有限集合なので，$F = \{t_1, t_2, \cdots, t_n\}$ と書くことができます。$t_k$ を中心とし，辺が座標軸に平行な長方形で，面積が $\epsilon > 0$ 未満のものを取って，$R_k$ とします。すると，$F \subset R_1 \cup R_2 \cup \cdots \cup R_n$ となり

$$\overline{\mu}(F) \leq |R_1| + |R_2| + \cdots + |R_n| < \epsilon + \epsilon + \cdots + \epsilon = n\epsilon$$

となることがわかります。$\epsilon > 0$ は，任意ですので，$\overline{\mu}(F) = 0$ となります。これは $F$ が零集合であることを示しています。一般の $d$ についても同様にできます。

問題 10-68　問題 10-67 とほとんど同じです。$d = 2$ とします。$G$ は可算集合なので，$G = \{t_1, t_2, \cdots\}$ と書くことができます。勝手な $\epsilon > 0$ に対し，$t_k$ を中心とし，辺が座標軸に平行な長方形で，面積が $\epsilon/2^k$ 未満のものを取って $R_k$ とします。すると，$G \subset R_1 \cup R_2 \cup \cdots$ となり

$$\overline{\mu}(F) \leq |R_1| + |R_2| + \cdots < \epsilon/2 + \epsilon/2^2 + \cdots = \epsilon$$

となることがわかります。$\epsilon > 0$ は，任意ですので，$\overline{\mu}(G) = 0$ となります。一般の $d$ についても同様にできます。

問題 10-69　(1) $E$ を $\mathbb{R}^d$ の勝手な部分集合とします。$\overline{\mu}(E \cap \emptyset) = 0, \overline{\mu}(E \cap \emptyset^c) = \overline{\mu}(E \cap \mathbb{R}^d) = \overline{\mu}(E)$ となり，可測集合の定義式が成立していることがわかります。よって，$\emptyset$ は可測集合です。
(2) 以下の式より明らかです。

$$\overline{\mu}(E \cap A^c) + \overline{\mu}(E \cap (A^c)^c) = \overline{\mu}(E \cap A^c) + \overline{\mu}(E \cap A)$$

問題 10-70　(1) $m \geq n$ のとき，$\inf_{k \geq n} x_k \leq x_m$ ですので，この両辺を積分して

$$\int_{\mathbb{R}^d} \inf_{k \geq n} x_k d\mu \leq \int_{\mathbb{R}^d} x_m d\mu \tag{A.1}$$

となります。式 (A.1) の左辺は $m$ によらないので，式 (A.1) において $m$ に関する下限を取れば以下の式が得られます。これが求める不等式です。

$$\int_{\mathbb{R}^d} \inf_{k \geq n} x_k d\mu \leq \inf_{m \geq n} \int_{\mathbb{R}^d} x_m d\mu$$

(2) (1) の不等式を使えば

$$\int_{\mathbb{R}^d} \lim_{n \to \infty} x_n d\mu = \int_{\mathbb{R}^d} \lim_{n \to \infty} y_n d\mu = \lim_{n \to \infty} \int_{\mathbb{R}^d} y_n d\mu = \lim_{n \to \infty} \int_{\mathbb{R}^d} \inf_{k \geq n} x_k d\mu$$

$$\leq \lim_{n \to \infty} \inf_{k \geq n} \int_{\mathbb{R}^d} x_k d\mu = \lim_{n \to \infty} \int_{\mathbb{R}^d} x_n d\mu$$

となってファトゥーの補題（定理 10.4）の不等式が得られます。

**問題 10-71** 10.3 節の例題と同じようにすればできます。まず $s = nt$ と変数変換しましょう。

$$\int_{-\infty}^{\infty} \frac{ne^{-t^2}}{n^2t^2 + 1} dt = \int_{-\infty}^{\infty} \frac{e^{-s^2/n^2}}{s^2 + 1} ds$$

となります。$M(t) = \dfrac{1}{s^2 + 1}$ とすれば，$M(t)$ は可積分ですので，ルベーグの収束定理（定理 10.5）または単調収束定理（定理 10.3）が使えます。

$$\lim_{n \to \infty} \frac{e^{-s^2/n^2}}{s^2 + 1} = \frac{1}{s^2 + 1}$$

であることから，つぎのようになることがわかります。

$$\lim_{n \to \infty} \int_{-\infty}^{\infty} \frac{ne^{-t}}{n^2t^2 + 1} dt = \int_{-\infty}^{\infty} \frac{1}{s^2 + 1} ds = \left[ \tan^{-1} s \right]_{-\infty}^{\infty} = \pi$$

**問題 10-72** $t = 1$ を除いて，$\lim_{n \to \infty} t^n e^{-t} = 0$ となる（つまり，ほとんどいたるところ 0 に収束する）ので，ルベーグの収束定理（あるいは単調収束定理）より求める極限値は 0 になります。

**問題 10-73**

$$\lim_{n \to \infty} \int_a^b x(t) e^{-2\pi i f_0 nt} dt = 0$$

を示せばよいわけですが，10.4 節で示したリーマン＝ルベーグの補題（定理 6.2）の証明の $x(t)$ を，$\mathbf{1}_{[a,b]}(t)x(t)$ と置き換えれば同様に証明できます。

**問題 10-74** 極座標 $(s, t) = (r \cos\theta, r \sin\theta)$ を用いると

$$\int_0^1 \int_0^1 \left| \frac{s^2 - t^2}{(s^2 + t^2)^2} \right| ds dt \geq \int\int_{s^2 + t^2 \leq 1, s \geq 0, t \geq 0} \left| \frac{s^2 - t^2}{(s^2 + t^2)^2} \right| ds dt$$

$$= \int_0^{\pi/2} \int_0^1 \frac{|r^2 \cos^2\theta - r^2 \sin^2\theta|}{r^4} r \, dr \, d\theta$$

$$= \int_0^{\pi/2} |\cos 2\theta| d\theta \int_0^1 \frac{1}{r} dr = \infty$$

となって，式 (10.7) は発散することがわかります（厳密には原点付近をくりぬいてから極限を取る操作が必要になりますが，ここでは省略します）。

# 索　　　引

## 【い，え，お】

位相スペクトル　　　53, 61
エネルギースペクトル　　53
エリアシング　　　90
オーバシュート　　　42

## 【か】

カイザー窓　　　109
外測度　　　120
可算無限個　　　119
可積分　　　60, 124
可聴周波数　　　15
カーディナル・サイン関数　　60
関数空間　　　29
完全正規直交系　　　34
カントールの三進集合　　119
完備性　　　127

## 【き】

ギブス現象　　　43
基本角周波数　　　14
基本周波数　　　14
極化恒等式　　　70

## 【く，こ】

矩形窓　　　101
区分求積法　　　28
合成積　　　72
コーシー列　　　128

## 【さ】

サイドローブ　　　107
サイドローブレベル　　107
三角不等式　　　29
サンプリング周波数　　82
サンプリング定理　　　81

## 【し】

自己相関関数　　　76
シュヴァルツの不等式　　29
周波数　　　14
振幅スペクトル　　　53, 61
振幅スペクトル密度　　61

## 【せ，そ】

正規直交基底　　　34
相互相関関数　　　76

## 【た】

帯域制限　　　81
高々可算個　　　120
畳込み　　　72
単関数　　　123
短時間フーリエ変換　　112
単調収束定理　　　125
単調性　　　121

## 【ち，て】

チェザロ総和法　　　45
チェビシェフ多項式　　41
定義関数　　　123
ディリクレ核　　　75

## 【な】

ナイキスト周波数　　　82

## 【は】

パーセバルの等式　　　34
バタフライ演算　　　95
バナッハ＝タルスキーの
　　パラドックス　　122
ハニング窓　　　104
ハミング窓　　　104
パワースペクトル　　　53
パワースペクトル密度　　61

## 【半区間展開】

半区間展開　　　23
半値幅　　　108
ハン窓　　　104

## 【ひ】

標本化定理　　　81

## 【ふ】

ファトゥーの補題　　125
フェイエール核　　　48
フーリエ級数　　　17
フーリエ級数部分和　　17
フーリエ係数　　　17
フーリエ正弦展開　　23
フーリエ展開　　　17
フーリエ余弦展開　　23

## 【へ】

ペイリー＝ウィーナーの定理　58
ベッセルの不等式　　　34
ヘルツ　　　14

## 【ま，め】

窓関数　　　101
窓を掛ける　　　101
メインローブ　　　107

## 【ゆ】

優収束定理　　　125

## 【ら，り，る，れ】

ラジアン毎秒　　　14
ラムダ式　　　19
リップル　　　42
リーマン＝ルベーグの補題　22
ルベーグ測度　　　121
ルベーグの収束定理　　125
零集合　　　119
劣加法性　　　121

## 【その他】

$L^1$ 条件　　　60, 124
$L^2$ 空間　　　29
$L^2$ 条件　　　29
$L^2$ ノルム　　　27
3 dB 帯域幅　　　108

―― 著 者 略 歴 ――

1991年　東京理科大学理学部数学科卒業
1993年　京都大学大学院理学研究科修士課程修了（数学専攻）
1994年　京都大学大学院理学研究科博士課程中退（数学専攻）
1994年　東京電機大学助手
1998年　株式会社日立製作所勤務
2003年　博士（理学）（大阪大学）
2004年　東北学院大学講師
2005年　東北学院大学助教授
2007年　東北学院大学准教授
2011年　東北学院大学教授
　　　　現在に至る

**Pythonで学ぶフーリエ解析と信号処理**
Fourier Analysis and Signal Processing with Python　　　ⓒ Masahiro Kaminaga 2020

2020 年 9 月 28 日　初版第 1 刷発行　　　　　　　　　　　　　★
2021 年 8 月 20 日　初版第 3 刷発行

検印省略

著　者　　神　永　正　博
発 行 者　　株式会社　コ ロ ナ 社
　　　　　　代 表 者　牛 来 真 也
印 刷 所　　三 美 印 刷 株 式 会 社
製 本 所　　有限会社　愛 千 製 本 所

112–0011　東京都文京区千石 4–46–10
発 行 所　株式会社　コ ロ ナ 社
CORONA PUBLISHING CO., LTD.
Tokyo Japan
振替 00140–8–14844 ・ 電話(03)3941–3131(代)
ホームページ　https://www.coronasha.co.jp

ISBN 978–4–339–00937–8　C3055　Printed in Japan　　　　（齋藤）

## 音響学講座

（各巻A5判）

■日本音響学会編

| | 配本順 | | | 頁 | 本体 |
|---|---|---|---|---|---|
| 1. | （1回） | 基礎音響学 | 安藤彰男編著 | 256 | 3500円 |
| 2. | （3回） | 電気音響 | 苣木禎史編著 | 286 | 3800円 |
| 3. | （2回） | 建築音響 | 阪上公博編著 | 222 | 3100円 |
| 4. | （4回） | 騒音・振動 | 山本貢平編著 | 352 | 4800円 |
| 5. | （5回） | 聴覚 | 古川茂人編著 | 330 | 4500円 |
| 6. | | 音声（上） | 滝口哲也編著 | 近刊 | |
| 7. | | 音声（下） | 岩野公司編著 | | |
| 8. | | 超音波 | 渡辺好章編著 | | |
| 9. | | 音楽音響 | 山田真司編著 | | |
| 10. | （6回） | 音響学の展開 | 安藤彰男編著 | 304 | 4200円 |

## 音響入門シリーズ

（各巻A5判, CD-ROM付）

■日本音響学会編

| | 配本順 | | | 頁 | 本体 |
|---|---|---|---|---|---|
| A-1 | （4回） | 音響学入門 | 鈴木・赤木・伊藤 佐藤・苣木・中村 共著 | 256 | 3200円 |
| A-2 | （3回） | 音の物理 | 東山三樹夫著 | 208 | 2800円 |
| A-3 | （6回） | 音と人間 | 平原・宮坂 蘆原・小澤 共著 | 270 | 3500円 |
| A-4 | （7回） | 音と生活 | 橘・田中・上野 横山・船場 共著 | 192 | 2600円 |
| A | | 音声・音楽とコンピュータ | 誉田・足立・小林 小坂・後藤 共著 | | |
| A | | 楽器の音 | 柳田益造編著 | | |
| B-1 | （1回） | ディジタルフーリエ解析（I）—基礎編— | 城戸健一著 | 240 | 3400円 |
| B-2 | （2回） | ディジタルフーリエ解析（II）—上級編— | 城戸健一著 | 220 | 3200円 |
| B-3 | （5回） | 電気の回路と音の回路 | 大賀寿郎 梶川嘉延 共著 | 240 | 3400円 |

（注：Aは音響学にかかわる分野・事象解説の内容，Bは音響学的な方法にかかわる内容です）

定価は本体価格＋税です。
定価は変更されることがありますのでご了承下さい。

‖‖‖‖‖‖‖‖‖‖‖‖‖‖‖‖‖‖‖‖ 図書目録進呈◆

# シリーズ 情報科学における確率モデル

（各巻A5判）

■編集委員長　土肥　正
■編集委員　　栗田多喜夫・岡村寛之

| 配本順 | | タイトル | 著者 | 頁 | 本体 |
|---|---|---|---|---|---|
| 1 | （1回） | 統計的パターン認識と判別分析 | 栗田多喜夫 日高章理 共著 | 236 | 3400円 |
| 2 | （2回） | ボルツマンマシン | 恐神貴行著 | 220 | 3200円 |
| 3 | （3回） | 捜索理論における確率モデル | 宝崎隆祐 飯田耕司 共著 | 296 | 4200円 |
| 4 | （4回） | マルコフ決定過程 ―理論とアルゴリズム― | 中出康一著 | 202 | 2900円 |
| 5 | （5回） | エントロピーの幾何学 | 田中勝著 | 206 | 3000円 |
| 6 | （6回） | 確率システムにおける制御理論 | 向谷博明著 | 270 | 3900円 |
| 7 | （7回） | システム信頼性の数理 | 大鑄史男著 | 270 | 4000円 |
| 8 | | 確率的ゲーム理論 | 菊田健作著 | 近刊 | |
| | | マルコフ連鎖と計算アルゴリズム | 岡村寛之著 | | |
| | | 確率モデルによる性能評価 | 笠原正治著 | | |
| | | ソフトウェア信頼性のための統計モデリング | 土肥正 岡村寛之 共著 | | |
| | | ファジィ確率モデル | 片桐英樹著 | | |
| | | 高次元データの科学 | 酒井智弥著 | | |
| | | 最良選択問題の諸相 ―秘書問題とその周辺― | 玉置光司著 | | |
| | | ベイズ学習とマルコフ決定過程 | 中井達著 | | |
| | | 空間点過程とセルラネットワークモデル | 三好直人著 | | |
| | | 部分空間法とその発展 | 福井和広著 | | |

定価は本体価格+税です。
定価は変更されることがありますのでご了承下さい。

‖‖‖‖‖‖‖‖‖‖‖‖‖‖‖‖‖‖‖‖‖‖‖　図書目録進呈◆

# 自然言語処理シリーズ

(各巻A5判)

■監修　奥村　学

| 配本順 | | 頁 | 本体 |
|---|---|---|---|
| 1.（2回） | 言語処理のための**機械学習入門** 高村大也著 | 224 | **2800円** |
| 2.（1回） | **質問応答システム** 磯崎・東中／永田・加藤共著 | 254 | **3200円** |
| 3. | **情報抽出** 関根聡著 | | |
| 4.（4回） | **機械翻訳** 渡辺・今村／賀沢・Graham／中澤共著 | 328 | **4200円** |
| 5.（3回） | 特許情報処理：言語処理的アプローチ 藤井・谷川／岩山・難波／山本・内山共著 | 240 | **3000円** |
| 6. | **Web言語処理** 奥村学著 | | |
| 7.（5回） | **対話システム** 中野・駒谷／船越・中野共著 | 296 | **3700円** |
| 8.（6回） | **トピックモデルによる統計的潜在意味解析** 佐藤一誠著 | 272 | **3500円** |
| 9.（8回） | **構文解析** 鶴岡慶雅／宮尾祐介共著 | 186 | **2400円** |
| 10.（7回） | **文脈解析** ―述語項構造・照応・談話構造の解析― 笹野遼平／飯田龍共著 | 196 | **2500円** |
| 11.（10回） | 語学学習支援のための言語処理 永田亮著 | 222 | **2900円** |
| 12.（9回） | **医療言語処理** 荒牧英治著 | 182 | **2400円** |
| 13. | 言語処理のための**深層学習入門** 渡邉・渡辺／進藤・吉野／小田共著 | | |

定価は本体価格+税です。
定価は変更されることがありますのでご了承下さい。

‖‖‖‖‖‖‖‖‖‖‖‖‖‖‖‖‖‖‖‖‖‖‖‖‖‖‖‖‖ 図書目録進呈◆